Risiko ist die neue Sicherheit

Eine Rockoper in vier Akten

von Randy Gage

Schamlose Werbung

Denen hat's gefallen – Ihnen möglicherweise auch!

Risiko ist die neue Sicherheit ist mehr als nur ein Buch. Es ist ein Ratgeber fürs Überleben in einer zunehmend unvorhersehbaren Zukunft.

– Joachim de Posada, Autor von *Don't Eat the Marshmallow… Yet!*

„Lesen Sie dieses Buch. Doch bevor Sie es tun, lösen Sie sich von allem, was Sie für die Wahrheit halten in Bezug darauf, wie die Welt ist und wie sie funktioniert. Sie werden erfahren, worum es beim kritischen Denken geht, warum Risiko tatsächlich die neue (und vielleicht die einzige) Sicherheit ist und es Sie weiser und wohlhabender machen kann. Das Schöne ist, dass es – im typischen Stil von Randy Gage – lustig, unterhaltsam und gerade noch sarkastisch genug sein wird, um Sie von Seite zu Seite zu fesseln. Nehmen Sie einen Stift und einen Leuchtmarker zur Hand… Sie werden sie brauchen!"

– Bob Burg, Mitautor von *The Go-Giver* und Autor von *Endless Referrals*

„Schnallen Sie sich an, denn Randy Gage führt Sie wagemutig an Orte, an denen Sie nie zuvor gewesen sind. Mit Warpgeschwindigkeit erforscht er auf brillante Weise revolutionäre Technologie, Klonen, freie Märkte, das Ego, Wohlstand und umwälzende Veränderungen. Er bringt das alles unter einen Hut und zeigt Ihnen, welche Art von kritischem Denken nötig ist, um Erfolg zu haben, und warum auf Sicherheit zu setzen das Gefährlichste ist, was man tun kann."

– Kathy Zader, Vorsitzende von Zoom Strategies, Inc.

Mir haben die Bücher von Randy Gage schon immer gut gefallen und ich habe aus ihnen viel praktisches Wissen gezogen. Doch mit seinem neuesten Buch, *Risiko ist die neue Sicherheit,* stellt Randy alles bisherige in den Schatten!

Wenn Sie glauben, Sie könnten Erfolg haben, wenn Sie einfach so weitermachen wie bisher, irren Sie sich gewaltig. Unsere Welt hat sich verändert – und zwar drastisch – und Randy zeigt nicht nur auf, WAS sich verändert hat (Sie werden sich wundern), sondern er zeigt Ihnen auch Schritt für Schritt, WIE man zu Erfolg kommt – egal, was geschieht. Setzen Sie nicht auf Sicherheit … denn das ist in der sich schnell verändernden Welt von heute sehr riskant.

– Terry Brock, ehemaliger Chefredakteur des AT&T Networking Exchange Blog, Autor, professioneller Redner

„In der neuen Weltwirtschaft, in der es mehr Komplexität, mehr Ungewissheit, aber auch mehr Möglichkeiten gibt als je zuvor, brauchen Sie Randy Gage. Dieses Buch ist eine Muss-Lektüre, wenn Sie auf dem Spielfeld der Wirtschaft gewinnen wollen."

– Patrick Stinus, Mitbegründer von Seventh Element LLC

„In diesem zum Nachdenken anregenden Buch beleuchtet Randy Gage auf brillante Weise den Weg für Unternehmen, die für neue Denkweisen über Wohlstand und Erfolg offen sind."

– Gina Carr, MBA, CEO, Gina Carr International

Copyright © 2012 by Randy Gage. Alle Rechte vorbehalten.

Herausgeber: John Wiley & Sons, Inc., Hoboken, New Jersey
Gleichzeitig herausgegeben in Kanada

Copyright der deutschen Ausgabe © 2012
bei Life Success Media GmbH

ISBN: 978-3-902114-59-4

Titel der amerikanischen Originalausgabe:
Risky is the new safe
the rules have changed

Herausgegeben von:
Life Success Media GmbH
6020 Innsbruck, Austria
www.lifesuccessmedia.com

Haftungsbegrenzung/Garantieausschluss: Obgleich der Herausgeber und der Autor dieses Buch nach ihrem bestem Wissen erstellt haben, stellen sie nicht die Behauptung auf und geben keine Gewähr, dass sämtliche Inhalte dieses Buches richtig und vollständig sind, und sie lehnen insbesondere jegliche vermuteten Gewährleistungen in Bezug auf Verkehrsfähigkeit oder Zweckdienlichkeit ab. Durch Verkaufsvertreter oder in schriftlichen Verkaufsmaterialien darf keine Gewährleistung geschaffen oder erweitert werden. Die hier erteilten Ratschläge und vorgestellten Strategien sind für Ihre persönliche Situation eventuell nicht geeignet. Sie sollten sich bei Bedarf an professionelle Berater wenden. Weder der Herausgeber noch der Autor haftet für irgendwelche Verluste oder Gewinne oder irgendwelche wirtschaftlichen Schäden, einschließlich aller Sonder-, Neben- und Folgeschäden.

Alle Rechte vorbehalten. Jegliche Vervielfältigung oder Übertragung von Teilen dieses Buches in jedweder Form und mit jedweden elektronischen oder maschinellen Mitteln ohne schriftliche Genehmigung des Verlags ist unzulässig. Das gilt auch für Fotokopien, Aufzeichnungen sowie die Speicherung und Verarbeitung in Informations- und Abfragesystemen. Ausgenommen sind Rezensenten, die kurze Passagen von nicht mehr als insgesamt 250 Wörtern zitieren.

Gedruckt in der Europäischen Union

Heisse Liebeserklärung an…

…meine brillanten Mastermind-Freunde, die erste Kapitel geprüft und mir ihre Einsichten vermittelt haben: Bob Burg, Dan Burrus, Terry Brock, Joe Calloway, Gina Carr, Joachim de Posada, Lisa Jimenez, Art Jonak, John David Mann, Ian Percy, Nido Qubein, Scott Stratten, Patrick Stinus und Kathy Zader.

…meine Korrektorin, die umwerfende Vicki McCown.

…das liebenswürdige und talentierte Wiley-Team unter Leitung von Matt Holt, mit Adrianna Johnson, Christine Moore und Peter Knox.

…die Einsatztruppen von Wasabi Publicity, geführt von Michelle und Drew.

…und meiner ureigenen Ausgabe von Pepper Potts: Lornette Browne.

Leute, ihr seid die Besten!

*Gewidmet Charles „Chuck" Dima,
der mir beigebracht hat, im Softball
zu gewinnen…und im Leben.
Ruhe in Frieden, Coach.*

Inhaltsverzeichnis

Danksagungen 5

Zusammenfassung 13

Ouvertüre: Affentraining und das
Klonen von Welpen 15

1. Akt: Es geht nicht um die Technik 25

2. Akt: Käse umsonst gibt es nur in der Mausefalle 41

Tenorarie: Die neue Religion der Ideen 61

3. Akt: Schnell bewegen und Schaden verursachen 75

4. Akt: Spanne das Ego für den Erfolg ein 107

Sopranarie: Egoismus ist die neue Selbstlosigkeit 131

Die Party danach: Gleichheit schafft
Gemütlichkeit. Unterschied schafft Möglichkeit. 145

Pflichtlektüre für Risikobereite 151

Verbinden sie sich mit Randy 152

Zusammenfassung – Risiko ist die neue Sicherheit

Eine Rockoper in vier Akten

Ouvertüre: Affentraining und das Klonen von Welpen

Menschliche Arbeitskräfte werden jetzt durch Affen ersetzt und Klonen wird schnell zur Realität. Das alte Wirtschaftsmodell ist kaputt. Riesenunternehmen, die jedermann kennt und die auf Sicherheit pochen, werden verschwinden und neu gegründete Unternehmen, die Risiken eingehen, werden bleiben.

1. Akt: Es geht nicht um die Technologie

Mobile Applikationen, die Cloud und revolutionäre Technologien vernichten Millionen von Arbeitsplätzen, werden aber auch interessante neue Möglichkeiten eröffnen. Was geschieht, wenn Sex mit Hologrammen möglich wird?

2. Akt: Käse umsonst gibt es nur in der Mausefalle

Klassenkriege bringen den nächsten Hitler hervor. Wie Sozialhilfeprogramme die Massen versklaven. Die besten Wege, um sich zu schützen, wenn der Euro zusammenbricht und Regierungen bankrottgehen.

Tenorarie: Die neue Religion der Ideen

Der Westen wird faul und es besteht das Potential für eine neue Weltordnung. In der New Economy werden Ideen zur wertvollsten Währung.

3. Akt: Schnell bewegen und Schaden verursachen

Marketing ist tot, soziale Medien leben auf. Pharmazeutika sind out, Tofu-Burger sind in. Einzelhandel ist kalt, MLM ist heiß. Warum Querdenker am Ende den Sieg davontragen werden, wenn unten nach oben und oben nach unten gekehrt wird.

4. Akt: Spanne das Ego für den Erfolg ein

Wie geniale Unternehmer ihr Ego einspannen und kanalisieren, um Resultate zu erzielen. Ein Blick auf die Erfolgsmenschen, die Napoleon Hill studiert hat, wie auch auf die neuen Milliardäre zeigt, dass sie alle starke Egos haben.

Sopranarie: Egoismus ist die neue Selbstlosigkeit

Kann Egoismus wirklich eine Tugend sein? Wie Menschen – und Unternehmen – die Reise vom Selbstbewusstsein zum kosmischen Bewusstsein machen.

Die Party danach: Suche die Herausforderung...

Wenn du die falsche Frage stellst – spielt es keine Rolle, wie die Antwort lautet. Hab Mut zum Risiko! Denn in der Welt der Zukunft ist Risiko die neue Sicherheit.

Eine Rockoper in vier Akten

Ouvertüre:

Affentraining und das Klonen von Welpen

Es geschah in einem Öko-Reservat in der Nähe von Phuket, Thailand, als mir plötzlich klar wurde, dass die Welt sich für immer verändert hat...

Der Grund meines Besuchs war es, einen weiteren Punkt auf meiner Wunschliste abzuhaken – auf einem Elefanten durch den Regenwald zu reiten. Wir mussten auf die Elefanten warten, also fragte man mich, ob ich mir inzwischen die Affenvorführung ansehen wollte.

Affenvorführung? Klar, da konnte ich nicht widerstehen.

Doch diese Affen waren nicht darauf trainiert, zur Spielorgelmusik zu tanzen oder Zirkustricks vorzuführen. Sie waren gelehrt worden, Kokosnüsse zu ernten. *An Stelle von Menschen.*

Es war wirklich faszinierend. An jeder Palme gab es einen Draht, der vom Boden bis zur Palmenkrone führte. Die Affen kletterten an dem Draht zum Wipfel hoch, wo sie an einem Arm und einem Bein baumelnd mit ihrer anderen Hand und dem anderen Fuß jede Kokosnuss so lange drehten, bis sie sich löste und zu Boden fiel.

Es kostet etwa 300 US-Dollar und dauert etwa zwei Monate, bis ein Affe trainiert ist. Danach wird er durchschnittlich 1.000 Kokosnüsse pro Tag ernten!

Auf dem Rückflug von dieser Reise übernachtete ich bei einer Zwischenlandung in San Francisco. Am nächsten Morgen traf ich im Warteraum der Fluggesellschaft auf ein Ehepaar, das einen süßen kleinen Hundewelpen dabei hatte, der aus einer Transportbox herauslugte. Da ich alle Tiere liebe, fragte ich, ob ich ein wenig mit ihm spielen dürfe. Sie sagten ja, und dann sagten sie etwas ziemlich Schockierendes ...

„*Unser Welpe ist ein Klon.*"

Zuerst dachte ich natürlich, das wäre ein Witz. Doch es war keiner. Sie erzählten mir, dass sie auf dem Heimflug von Südkorea waren, wo sie den Hund abgeholt hatten, nachdem er aus der DNA der Zellen ihres geliebten, kürzlich verstorbenen Haustieres geklont worden war.

Ich hörte mir das mit äußerster Skepsis an. Der muntere Welpe mit den leuchtenden Augen war genauso liebenswert wie jeder andere Welpe auch.

Sie waren auf dem Heimflug nach Miami, wo der Ehemann den Hund einige Male in die Economy-Kabine trug, um ihn den Leuten dort zu zeigen. Ich war neugierig, aber hatte immer noch meine Zweifel – bis wir in Miami ankamen. Dort stand eine geschlossene Front von Reportern und Kamerateams um die Gepäckkarussel herum und sie alle wollten den Ehrengast begrüßen.

Das Bild des Welpen war am nächsten Tag auf der Titelseite des *The Miami Herald* inklusive der Geschichte, wie er geklont worden war, abgebildet. Es stellte sich heraus, dass er nicht der erste geklonte Welpe war, nur der erste, der in die USA kam. Und natürlich sind auch schon Schafe und Kamele und andere Tiere geklont worden.

Wir mögen noch so viele Jahre lang über die ethischen und moralischen Dilemmas des Klonens debattieren, aber der Flaschengeist wird nicht mehr in die Flasche zurückgehen.

Alle Regeln haben sich geändert ...

Als ich klein war, sagte mir meine Mutter, ich solle zur Schule und zur Uni gehen und mir dann einen Arbeitsplatz bei einer großen Gesellschaft suchen – dann hätte ich ausgesorgt. Das galt als eine sichere Sache, und Millionen

Eine Rockoper in vier Akten

anderer Eltern auf der ganzen Welt sagten zu ihren Kindern dasselbe.

Heute jedoch dürfte es das Riskanteste sein, was man nur tun kann...

Glücklicherweise flog ich aus der Schule und hatte daher nie die Möglichkeit, dem Rat meiner Mutter zu folgen. Und indem ich *nicht* den sicheren Weg ging, wurde ich ein sehr reicher Mann.

Wenn Sie heute in einem großen Wirtschaftsunternehmen arbeiten, haben Sie eine Zielscheibe auf dem Rücken. Und je länger Sie schon dabei sind, umso größer ist sie. Die Zeiten sind lange vorüber, wo die lange Betriebszugehörigkeit eines Arbeitnehmers eine Arbeitsplatzgarantie mit sich brachte.

Heute betrachten Unternehmen Langzeitangestellte oft als eine Belastung. Sie überlegen, wie sie aus dem Angestellten einen Auftragnehmer machen können oder ihn durch jemanden ersetzen können, der jünger und billiger ist, weniger Urlaub beansprucht und weniger Leistungen erhält. Oder noch besser wäre es, wenn sie die Arbeit ins Ausland verlagern könnten!

Stellen Sie sich vor, eine Führungskraft von American Airlines sieht die Affenvorführung in Thailand. Können Sie auch im Geiste sehen, wie er denkt: „Hmm...ich frage mich, ob wir unsere Flugbegleiter durch Affen ersetzen könnten"?

Ich mache natürlich nur Spaß, da Flugbegleiter ja eine wichtige Rolle für die Sicherheit der Passagiere spielen. (Und ich schreibe das hier gerade vom Sitz 5G einer amerikanischen 777 aus.) Doch machen Sie sich nichts vor: Es gibt Millionen von Arbeiten, die von Affen oder Hunden oder Katzen oder Delphinen erledigt werden können und es vielleicht eines Tages *werden*. Überlegen Sie mal: Wir nutzen schon seit Jahrhunderten Kamele, Pferde und Maultiere, um Lasten zu tragen, und Tieren für etwas anspruchsvollere Arbeiten zu trainieren ist der logische nächste Schritt. Wenn die Zahl der Arten, mit denen dies möglich ist, sich durch den Fortschritt vergrößert, ist Chaos in der Arbeitswelt vorprogrammiert.

Oh, natürlich wird es immer Arbeitsstellen für Menschen geben. Doch es wird viel weniger davon geben und sie werden sich ziemlich stark von denen unterscheiden, die wir heute kennen. Einige Angestellte werden Roboter entwickeln, die menschliche Arbeitskräfte ersetzen werden. Andere werden Tiere trainieren. Und wiederum andere werden in den Tierklonfabriken arbeiten. *Oh, und einige werden in den Menschenklonfabriken zu finden sein...*

Warum sollte das Heimwerkergeschäft Jones & Sons auf der Main Street auswärtige Mitarbeiter einstellen, wenn man all die Jungs klonen lassen kann, die benötigt werden? Warum sollte man durchschnittliche Mitarbeiter bezahlen, wenn man sich sechs weitere Kopien seines besten Mitarbeiters klonen kann? Warum sollte man einen Hochschulprofessor fest einstellen, wenn man sich bei Bedarf jederzeit einen nagelneuen vom Fließband rollen lassen kann?

Diese Entwicklungen werden jeden Sektor jeder Branche auf der ganzen Welt grundlegend verändern – und jeden Sektor jeder Branche außerhalb unserer Welt auch. Alles, was Sie bisher als sicher betrachtet haben, steht kurz davor, sehr riskant zu werden.

Ich sehe tote Menschen...

Sehen Sie sich um – was sehen Sie überall? Millionen von leblosen Zombies, die sich durch Leben voller stiller Verzweiflung treiben lassen. Diese Menschen sind tot, doch sie haben nicht die Einsicht, um sich einfach hinzulegen. Sie glauben, *Die Matrix* sei ein Science-Fiction-Film, wo sie doch selbst der lebende Beweis dafür sind, dass es in Wirklichkeit ein Dokumentarfilm ist.

Sie arbeiten in toten, leblosen Betrieben mit schrumpfenden Marktanteilen und sinkenden Gewinnen, für die sie den verstärkten Wettbewerb, die schwierige Wirtschaftslage oder Variablen wie steigende Materialpreise verantwortlich machen. Doch jene Dinge sind die Symptome, nicht die Ursache.

Diese Gesellschaften haben keinen Puls, weil sie sich in einem Wirtschaftsmodell bewegen, das für eine andere Zeit geschaffen worden ist. Das Modell, dem sie folgen, wurde aufgestellt, als Waren in Europa produziert und auf Schiffen in die Neue Welt transportiert wurden, wo sie mit Pferdekutschen zu Siedlungen gebracht und in Gemischtwarenläden verkauft wurden. Und obgleich Pferdekutschen inzwischen Zügen oder Lastwagen Platz gemacht haben und aus Gemischtwarenläden Einkaufszentren geworden sind, hat sich das grundlegende System nicht verändert. Doch die Welt hat sich verändert.

Entwicklungen wie Faxmaschinen, Expressversand über Nacht und gebührenfreies Telefonieren – und dann die Handys, das Internet und die sozialen Medien haben im Geschäftsleben alles auf den Kopf gestellt.

Doch niemandem ist aufgefallen, dass sich das Ziel bewegt hatte...

Die Leute wählten weiterhin Volksvertreter oder folgten huldvoll Diktatoren in dem Vertrauen, dass der Staat für ihre Sicherheit sorgen und ihre Bedürfnisse erfüllen würde. Sie opferten Jahre ihres Lebens und gaben Unmengen von Geld für Hochschulausbildungen aus, die in der Arbeitswelt keinen Wert mehr haben. Sie standen weiterhin treu zu ihren Arbeitgebern und glaubten daran, dass diese für ihre sichere Rente sorgen würden, denn das hatten ihre Eltern ja auch.

Und als sie für jene toten, leblosen Wirtschaftsriesen arbeiteten, wurden sie mit denselben Geistesviren indoktriniert wie deren Angestellte aus früheren Zeiten...

Fluggesellschaften flogen weiterhin von Knotenpunkten aus zu den Regionalflughäfen, weil sie das ja schon immer so getan hatten. Fernsehnetzwerke sendeten über Satelliten an Partnerunternehmen und verkauften Werbespots, weil es eben so üblich war. Reisebüros öffneten mehr Geschäftsstellen, Videoketten füllten die DVD-Läden und Zeitungen fuhren fort, große Bögen Papier mit einen Tag alten Nachrichten zu bedrucken. Einzelhändler hielten das System von Lagerhäusern, Regalgroßhändlern, Vertriebspartnern und Ladengeschäften aufrecht, weil sie darin investiert hatten. Einige jener Einzelhändler richteten sich sogar große Räumlichkeiten ein, um ein altzeitromantisches Neuheitsstück zu verkaufen (Sie halten eines davon gerade in den Händen) – obwohl die Hälfte ihres potentiellen Marktes ihr Produkt noch nie gesehen hatte, außer vielleicht in einem Museum.

Jeder setzt auf Sicherheit, weil er glaubt, das wäre vernünftig, Doch in der heutigen New Economy ist auf Sicherheit zu setzen das Riskanteste, was Sie tun können.

Alle Regeln haben sich geändert und morgen werden sie sich noch mehr ändern. Revolutionäre Technologie, sich ändernde kulturelle Trends, ein Zusammenbruch des Bildungssystems, Korruption der Regierungen, Überschreitungen von Befugnissen und eine Gesellschaft, die sich in mancher Hinsicht weiterentwickelt – und anderer Hinsicht zurückentwickelt – haben das Ziel verrückt. Und es rückt weiterhin von einer Stelle zur anderen. Jeden Tag schneller.

Millionen von Menschen wurden von den Borg assimiliert und wandern ziellos im Kollektiv als Arbeitsdrohnen durch das Leben. Und die Konzerne, die von all diesen Menschen am Laufen gehalten werden, stehen vor dem Aussterben, da sie in der neuen Welt nicht mithalten können. Wenn es wirklich die Definition von Wahnsinn ist, immer wieder dasselbe zu tun und sich ein anderes Ergebnis zu erwarten, dann sind diese Leute wirklich komplett verrückt.

Es erinnert an die Analogie, die Dr. Ken Dytchwald (übrigens ein brillanter Mann) nutzt, wenn er darauf verweist, wie Wirtschaftskonzerne auf die Alterswelle reagiert haben, die von Millionen von Babyboomern verursacht wurde. Er zeichnet das Bild eines riesigen Elefanten, der durch die Jahrzehnte zieht. Die meisten Gesellschaften jagen dem Elefanten verzweifelt nach und schießen Pfeile in sein Hinterteil. Was sie wirklich tun sollten, wäre, dem Elefanten vorauszueilen und vor ihm ein großes Loch zu graben.

Die Menschen, die in der New Economy zu Wohlstand kommen werden, werden den Trends voraus sein und sie erwarten, statt naiv auf das zu reagieren, was gestern geschehen ist.

Es spielt keine Rolle, ob Sie eine Einzelperson sind oder ein Unternehmen leiten. Um heute zu Reichtum und Erfolg zu kommen, müssen Sie ein kritischer Denker werden und althergebrachte Weisheiten sausen lassen. Denn es ist nicht nur so, dass das Wirtschaftsmodell nicht gut funktioniert, es bewegt sich in der Tat auf einen ernsten Zusammenbruch zu.

Ich bin kein Futurist, aber ich mache ein paar Vorhersagen…

Hunderte von Millionen von Berufen werden durch Technologien eliminiert werden oder werden komplette Umschulungen oder Zertifizierungen verlangen, damit man sie weiter ausführen kann. Ganze Branchen werden verschwinden. Der Euro (und vielleicht auch einige andere Währungen) wird innerhalb der nächsten zwei bis drei Jahre kollabieren. Zehntausende von Unternehmen werden bankrott gehen – und manche Länder auch.

Ist das nicht toll! Denn hier ist die gute Nachricht...

Jedes Problem schafft eine entsprechende Chance. Einige der größten Vermögen wurden während der Großen Depression geschaffen, und jede Wirtschaftskrise oder Rezession macht viele Leute reich.

Wenn alle in eine Richtung laufen, laufen Sie in die andere.

In eben diesem Moment, wo Sie das hier lesen, erleben Sie eine der großartigsten Epochen der menschlichen Geschichte. Es gab noch nie zuvor eine bessere Zeit zu leben. Die Geschwindigkeit und das Ausmaß der Veränderungen, die sich heute in der Welt (und im Solarsystem) abspielen, bieten nie zuvor dagewesene Möglichkeiten, um ein Leben in Wohlstand zu leben.

Fortschritte in der Wissenschaft, Medizin und Ernährung werden Durchbrüche zu Langlebigkeit, Gesundheit und Wellness schaffen. Technologie wird neue Geschäftsmodelle ermöglichen und alte neu gestalten und so außerordentliche Möglichkeiten zum Wohlstandsaufbau bieten. Und all diese Entwicklungen werden Ihnen noch mehr Chancen bieten, ein Leben voller Bedeutung, Wachstum und Abenteuer zu leben.

Während ihrer Lebenszeit wird die große Mehrheit der Menschen, die dieses Buch lesen, die Möglichkeit haben, eine Urlaubsreise auf den Mond zu machen, sich eine Wohnung am Meeresboden zu kaufen, mit einem spektakulären Blick auf das Korallenriff oder einem Fußballspieler den Ball abzunehmen und das Tor zu schießen, mit dem sie für ihr Land die Weltmeisterschaft gewinnen. (Obwohl letzteres wohl in virtueller Realität auf einem Holodeck stattfinden wird.) Das ist die faszinierende Welt, die wir gemeinsam erforschen werden.

Wenn Sie willens sind, Risiken einzugehen und ein Querdenker zu werden, gibt es für Sie außerordentliche Gelegenheiten, zu Erfolg und Reichtum zu kommen – und es wird sie immer geben. Denn in der New Economy ist Risiko die neue Sicherheit...

Eine Rockoper in vier Akten

1. Akt:

Es geht nicht um die Technologie

„Jeder, der für die Zukunft kämpft, lebt heute schon in ihr."
– *Ayn Rand, Romantic Manifesto*

Seien Sie nett zu dem unverschämten jugendlichen Aushilfsverkäufer im Laden, der sich die *Angry Birds* auf seinem iPhone anhört, statt seine Aufmerksamkeit Ihnen zu widmen. Denn es ist durchaus möglich, dass Sie eines Tages für ihn arbeiten werden.

Es könnte genauso gut der Angestellte des Reisebüros oder Videogeschäfts sein oder eines der vielen anderen Betriebe aus dem Jahr 2012, die aufgrund der Technologie aussterben und keinen Ersatz benötigen werden.

Die wirklichen technologischen Umwälzungen haben gerade erst begonnen.

Wenn Sie Ihrem 14-jährigen Kind helfen wollen, sich auf die Zukunft vorzubereiten, haben Sie eine schwierige Aufgabe vor sich. Denn die besten Berufe des Jahres 2018 gibt es jetzt noch gar nicht. Doch eines wissen wir mit Sicherheit: der sichere Weg wird Sie nicht dahin bringen.

Wir sind dabei, in ein Zeitalter einzutreten, in dem der technologische Fortschritt so enorm sein wird, dass uns die Luft wegbleiben wird. Und die Chancen, die diese Ära mit sich bringen wird, werden ebenso atemberaubend sein – denn Wohlstand ist das Produkt der Fähigkeit der Menschheit zur Innovation.

Die wesentlichsten Faktoren, die solche Chancen eröffnen, sind:

- die explosive Zunahme von Smartphones und Tablets
- eine Unmenge an Bandbreite
- die Generation mit Aufmerksamkeitsdefizitsyndrom wird erwachsen
- Fortschritte bei der Videoauflösung
- Ende der Aufteilung in öffentliche Rundfunk-, private Kabelfernsehen- und Internetinhaltsanbieter
- die Liebesaffäre zwischen Menschen und mobilen Applikationen

Beginnen wir mit dem Fernsehen: Menschen in der entwickelten Welt sehen durchschnittlich fünf bis sechs Stunden pro Tag fern. Doch wovon wir hier sprechen, ist größer als das Fernsehen.

Wir können uns als Beispiel genauso gut das Internet ansehen. Nichts anderes hat die Welt im letzten Jahrhundert wohl so sehr verändert wie das Internet. Doch die Veränderung am Horizont ist größer als das Internet …

Denn wovon wir hier sprechen, ist nicht die Technologie selbst, sondern wie Menschen diese Technologie nutzen. Zwei Bildschirme gleichzeitig zu betrachten oder den Fernseher und das Tablet oder Smartphone gemeinsam zu nutzen wird vielen Menschen immer mehr zur Gewohnheit. Dadurch entstehen viele neue Möglichkeiten der Interaktion und wohin das führt, bleibt noch abzuwarten.

Wir treten jetzt in die dritte Welle der Technologie-Firmen ein. Die erste Welle waren Portale wie AOL, Yahoo und Google. Wir fanden sie gut, weil sie uns halfen, das Internet zu verstehen, indem es in Kategorien organisiert ist und zusammengefasst wurde, die wir verstehen und auf die wir zugreifen konnten.

Die nächste Generation war das soziale Web, ein Gebiet, auf dem wohl niemand erfolgreicher war als Facebook. Doch Facebook wird dem MySpace folgen, wenn es sich nicht schnell auf Mobilgeräte einstellt. Denn die großen Gewinner in der dritten Generation werden die Firmen sein, die herausfinden, wie man Geld mit Mobilgeräten machen kann.

Deshalb hat Facebook unlängst eine Milliarde Dollar aufgebracht, um Instagram zu kaufen, ein Programm zum Weiterleiten von Fotos, das es den Nutzern ermöglicht, ihre Fotos zu filtern und sie über eine Reihe von Social-Networking-Diensten anderen Leute zu zeigen.

Wir sprechen also schon über Mobilgeräte und die Cloud, doch diese Veränderung ist auch größer als das. Mobilgeräte haben das Internet transformiert, und die Cloud wird beide in verblüffendem Umfang transformieren. Cloud Computing ist digitale Dateispeicherung, die als Dienstleistung angeboten wird, wobei die Daten eines Nutzers auf einem externen Netzwerk gehostet werden und der Nutzer auf sie über seine eigenen Geräte zugreifen kann.

Alles bewegt sich mit atemberaubender Geschwindigkeit vom Internet zu mobilen Apps. Wenn Sie in naher Zukunft jemanden vor die Wahl stellen, entweder ihre Lieblings-Apps oder ihre liebsten Websites aufgeben zu müssen ... werden viele wohl ihre Apps wählen.

In den USA kämpfen mittlerweile die öffentlichen Fernseh-Netzwerke gegen Anbieter von Kabelfernsehen; Kabelanbieter mühen sich ab, mit dem Internetfernsehen zu konkurrieren; Websites wollen sich auf Mobilgeräten zeigen können – und mobile Sites arbeiten daran, herauszufinden, wie man Apps erstellt.

Alle zusammen wirken sie wie eine Planwagenkolonne unter Angriff. Sie haben die Wagen zu einem Kreis formiert, doch sie schießen in den Kreis hinein.

Es geht nicht um Rundfunk gegen Kabel oder Apple TV. Den Verbrauchern sind die Revierkämpfe der Gesellschaften und Marken egal. Sie wollen einfach nur Informationen und Unterhaltung haben. Sie wollen den Anschein erwecken, als wüssten Sie Bescheid, wenn politische Themen angesprochen werden oder jemand ihre liebste Sportmannschaft erwähnt. Und vor allem sind sie ganz verrückt danach, jeden wachen Moment des Tages über abgelenkt und unterhalten zu werden.

Es gibt jetzt eine ganze Generation von Menschen, die rund um die Uhr an elektronische Geräte gekettet sind. Machen Sie ihnen den Vorschlag, ihr Handy zu Hause zu lassen, wenn sie in die Oper oder zur Kirche gehen, und sie werden Sie anschauen, als würden Sie sich gerade Spinnen in den Mund stecken. Die bloße Vorstellung ist ihnen so fremd, dass sie die Idee gar nicht verarbeiten können.

Sie werden irgendein Argument vorbringen wie etwa, dass sie für den Notfall doch unbedingt ein Telefon dabei haben müssen, und werden die 5.000 Jahre Menschheitsgeschichte ignorieren, die wir ohne das Handy überlebt haben. Der wirkliche Grund, warum sie es überall hin mitnehmen müssen, ist, dass sie nach ihrem elektronischen Ruhigsteller süchtig geworden sind.

Wir sind mehr miteinander verbunden als je zuvor, doch wir sind einsamer als je zuvor. Der Durchschnittsmensch langweilt sich zu Tode. Er ist unsicher und hasst es, auch nur einen Moment lang allein stillen Gedanken nachzugehen. Er muss die ganze Zeit über BESCHÄFTIGT sein. Er wird Textnachrichten senden und lesen, während er mit der Familie zu Abend isst, E-Mails beantworten, während er im Supermarkt an der Kasse in der Schlange steht, oder sich vor einer roten Ampel Katzenvideos ansehen. Er will Inhalte geliefert haben – und zwar in endloser Folge.

Video oder kein Video…

Da kommt natürlich das Thema auf. Wir sind heute zweifellos eine sehr visuelle Gesellschaft – und wir werden es immer mehr. Radio existiert zwar noch weiter, doch nur im Schatten des Fernsehens und der Filme. So ziemlich alle unter 35 gehören zur Generation des Internets, Textens, Fernsehens und der Videospiele. Das ist eine nette Art zu sagen, dass sie die Aufmerksamkeitsspanne einer Stechmücke haben.

Da ist es logisch anzunehmen, dass Video das beste Mittel ist, um ihre Aufmerksamkeit zu gewinnen. Mein Freund und Bestseller-Autor Brendon Burchard sagt voraus, dass in einigen Jahren 95 Prozent aller Inhalte im Internet – einschließlich E-Mail-Nachrichten – die Form von Videos haben werden. Nun, Brendon ist ein kluger Mann, also neige ich dazu, ihm zu glauben. Als ein kritischer Denker muss ich jedoch annehmen, dass alles Videoform haben wird – mit wenigen Ausnahmen.

Ich persönlich hasse es, Video-E-Mails zu bekommen. Die Beleuchtung ist normalerweise grauenhaft, es dauert zu lange, sie sich anzusehen, und ich kann nicht beginnen, die Fragen zu beantworten, ohne das Video anzuhalten und es dann wieder vom Anfang an abzuspielen.

Ich bin alt genug, um mich an Zeiten zu erinnern – besonders, als ich in der 5. Klasse war – wo Leute über Videotelefone sprachen, als sei das etwas, was es nur in Science-Fiction-Filmen gibt. Heute, im Jahr 2012 gibt es diese Technologie schon seit Jahren – und keiner will sie haben.

Es sieht so aus, dass nicht jede Frau das Videophon beantworten will, wenn sie gerade Lockenwickler in den Haaren hat. Und die meisten Männer wollen das Videophon auch nicht beantworten, wenn sie gerade nackt und nass aus der Dusche kommen. Ich mache normalerweise vier bis fünf

Skype-Konferenzen pro Woche und etwa 90 Prozent davon laufen als Audio ab, ohne Video. (Obwohl kleine Kinder jetzt Tablets verwenden, um einander anzurufen, und dabei Apps wie Facetime nutzen. Die vierjährige Tochter meines Freundes unterhält sich mit ihren Freunden über ihr iPad mit ihrem Bild auf dem Bildschirm. Bei einem Telefon ohne Video verlieren sie schnell das Interesse.)

Was wird also aus dem Video werden? Ich weiß es nicht, und es weiß auch sonst niemand. Aber ich schätze doch, dass es eine sehr große Rolle spielen wird. Das Thema Video bringt uns wieder zurück zu Fernsehen, Spielfilmen und Streaming im Internet.

Sieben Milliarden Kanäle und alles ist drauf...

Die Frage ist nicht, wie viele Rundfunksender überleben werden oder wie viele Privatfernsehanbieter auf Ihrem örtlichen Markt tätig sein werden. Bald wird es sieben Milliarden von Netzwerken mit sieben Milliarden Programmdirektoren geben. Sie und jeder andere Mensch auf der Welt wird sich selbst sein *The My Network (TMN)* programmieren.

Sie werden sich neue Pilotfilme, Serien-Episoden der ganzen Saison, Situationskomödien, Reality- und Talkshows, Sportereignisse, Feriensondersendungen, Konzertaufführungen und so weiter direkt selbst ins Haus bestellen – genau so, wie es Netzwerkleiter schon heute tun. Der Unterschied ist nur, dass TMN genau an Ihren Geschmack angepasst sein wird; es wird von überall her all die Inhalte sammeln und zur Verfügung stellen, die auf Sie persönlich zugeschnitten sind.

Die TMN-Version eines Amerikaners könnte zum Beispiel folgendes beinhalten: *The X Factor* (US- und europäische Versionen), *CSI* (Versionen für Miami, New York und den Mond), *Game of Thrones*, den Blog von

Seth Godin, die Videos von Weinpapst Gary Vaynerchuk auf Tumblr, die YouTube-Kanäle von Shane Dawson und Mystery Guitar Man, die Twitter-Mitteilungen einer Liste Ihrer „Lieblinge", alle Spiele der Football-Mannschaft Manchester United, die neuesten Lieder von Maroon 5, The Fray und Lady Gaga, Ihre Aktienkurse von Empire Avenue, Ihre Aktienkurse von e-Trade, alle Fortsetzungsfilme von *Avengers* und *Star Trek*, die Radiostation Sirius XM, die neuesten Nachrichtensendungen von CNN, alle Eingaben Ihrer Facebook-Freunde und LinkedIn-Gruppen, die Pinterest-Bildertafeln zu Wasserskilaufen und zu Comicheften, die elektronischen Ausgaben des *The Wall Street Journal* und *ESPN the magazine,* Ihre Spielliste von iTunes, die Kurse dieses Semesters bei Ihrer Online-Universität, elektronische Rabattgutscheine von möglichst jedem Geschäft oder Lokal, an dem Sie möglicherweise vorbeigehen oder vorbeifahren werden – und natürlich alle neuen Bücher von mir.

Von Bildschirm zu Bildschirm wandern…

Das Letzte, was Sie interessiert, ist auf welchem Netzwerk oder Kanal Sie all diese Optionen finden können oder gar für welchen Bildschirm sie ursprünglich geschaffen wurden. Sie wollen Ihr Netzwerk auf Ihrem Smartphone oder auf Ihrer Armbanduhr sehen, wenn Sie im Einkaufszentrum sind, auf Ihrem Tablet während der Mittagspause oder auf dem Bildschirm in Ihrem Auto, während Sie nach Hause fahren (ich weiß, das sollte eigentlich verboten werden). Ihr Netzwerk wird sich automatisch auf Ihren mannhohen hochauflösenden Fernsehbildschirm laden, wenn Sie Ihr Wohnzimmer betreten, und spontan auf Ihren Computerbildschirm überwechseln, sobald Sie sich an den Schreibtisch setzen.

Natürlich wird dieser Trend kurzlebig sein und schließlich absterben, wenn Google seine Brillen perfektioniert. Und die Brillen werden kurzlebig sein und schließlich verschwinden, wenn jemand die Technologie in Kontaktlinsen einbaut. Und offensichtlich wird es dann eine Rückkehr zu den Bildschirmen geben, wenn die Generation mit dem Aufmerksamkeitsdefizit feststellt, dass sie in ihren Linsen nicht sechs verschiedene Bildschirme gleichzeitig anschauen kann, wie sie es vom Satellitenfernseher her gewohnt war.

Das liegt nicht 20 oder 30 Jahre vor uns in der Zukunft, liebe Leute. Diese Innovationen werden Teil unseres Lebens sein, lange bevor dieses Jahrzehnt zu Ende geht.

Die alten Netzwerke kapieren das nicht. Statt auf YouTube nach ihrem nächsten Fernsehstar Ausschau zu halten, sollten Sie Ihr Paradigma ändern und den nächsten Multikanalstar entdecken, den sie dann TMN anbieten können.

Der Prozess beginnt jetzt. Netflix erstellt seine eigenen Original-Inhalte, Kabelnetzwerke filmen ihre eigenen Shows und YouTube kürt die Stars auf seiner eigenen Plattform. Doch all diese Trennlinien zwischen den Netzwerken, Kanälen und Bildschirmen werden verschwinden. Statt Werbesprüchen wie „Heute um 20 Uhr New Yorker Zeit auf FOX" wird der Slogan lauten: „Klicken Sie hier und holen Sie es sich *jetzt*."

All das wird geradezu ERSTAUNLICHE Möglichkeiten für Unternehmer eröffnen. Die Einstiegskosten, um ein Showveranstalter, Verleger oder Filmregisseur zu werden, werden drastisch sinken. Sie können sich heutzutage schon für 200 Dollar eine hochauflösende Flipkamera kaufen – und sie tut genau dasselbe, wofür Sie vor 15 Jahren eine Kamera für 75.000 Dollar gebraucht hätten. Ein Film wie *Titanic*, der ursprünglich 100 Millionen Dollar gekostet hat, kann im Jahr 2018 vielleicht für 100 *Tausend* Dollar gedreht werden. (Vorausgesetzt, Sie können Leonardo und Kate überreden, für einen Bruchteil ihrer jetzigen Gagen zu arbeiten.)

In der Zwischenzeit wird James Cameron eine Neufassung für etwa 100 Milliarden Dollar machen, die in der virtuellen Realität spielen wird, so dass Sie fühlen werden, wie Sie das eiskalte Wasser anspritzt, und das Hühnchen in der Szene mit dem Abendessen riechen können.

Die finanziellen Chancen für alle Inhaltsschaffenden – sei es in Form von Audio- oder Videoaufnahmen oder in Druckform (und denken Sie sich noch andere sensorisch wahrnehmbare Formen hinzu) – werden ungeheuerlich sein. Genauso wie iTunes die gesamte Musikbranche revolutioniert hat, werden diese Technologien Dutzende anderer Geschäftsfelder umgestalten – vom Verlagswesen zur Unterhaltung, von Bildung zu Marketing, von der Krankenpflege bis zur Güterproduktion.

Doch bevor Sie wieder Atem holen können, werden mobile Apps wiederum alles verändern ...

Und wiederum wird es bei dieser Veränderung nicht um die Technologie, das Produkt oder die anbietende Firma gehen. *Es wird darum gehen, wie die Verbraucher die Apps nutzen, um sich ihr Leben angenehmer zu machen.*

Der große Boom bei den Applikationen wird nicht von den markenrechtlich geschützten kommen, die Firmen für ihre Kunden erstellen, obwohl auch diese Billionen von Dollar an Umsätzen einbringen werden. Der größte Teil wird den generischen „Prozess-Applikationen" gehören – denjenigen, die Ihnen helfen, ein Taxi zu bekommen, ein Restaurant zu finden, ein Tanzstudio zu lokalisieren, die Referenzen eines Zahnarztes zu prüfen, ein Hotel zu bewerten, Sexpartner zu finden und etwa 10 Millionen andere Dinge, die mir momentan nicht einfallen.

Die App Ihrer Fluglinie wird Ihnen den richtigen Flugsteig und die Abflugzeit mitteilen. Die Prozess-App wird Ihnen mitteilen, um wieviel sich Ihr Flugzeug wirklich verspäten wird. Die Pizza-App von De Vito's wird es Ihnen ermöglichen, eine mittelgroße Pizza mit Peperoni-Salami und der doppelten Portion Käse zu bestellen. Doch die Prozess-App, die von echten Kunden des Restaurants gestaltet wird, sagt Ihnen, ob Vito sich die Hände wäscht, nachdem er auf der Toilette war.

Das Interessanteste dabei ist...

Viele dieser umwälzenden Veränderungen sind dem Aufkommen der Smartphones zu verdanken. Wie steht es mit all den anderen potentiellen Smartgeräten?

Ich habe zum Beispiel gerade eines meiner Badezimmer umgestaltet. Ich habe mir eine neue Toilette einbauen lassen, die den Deckel hochklappt und beginnt, Musik zu spielen, wenn man auf sie zugeht, und die nach der Benutzung von selbst automatisch spült und den Deckel zuklappt (offensichtlich wurde sie von einer Frau entworfen!), und sie hat ein eingebautes Bidet, einen Trockner, ein Licht und ein Radio. Man steuert das Licht, das Radio, die Wassertemperatur sowie den Sprühwinkel und den Druck des Wassers über eine elektronische Fernbedienung mit Tastfeld. Der Hersteller bezeichnet sie zwar nicht als eine smarte Toilette – aber ich würde es schon tun.

Wie lange wird es wohl dauern, bis wir smarte Kühlschränke haben werden, die erkennen, wenn Sie nur noch drei Büchsen Bier drin haben und automatisch das nächste Dutzend für Sie bestellen? Die Leute, die diesen Prozess mit Technologie, Inventarkontrolle, Zahlungen und Lieferungen organisieren werden, werden Vermögen machen. Stellen Sie sich doch nur die Möglichkeiten von smarten Herden, Wasch- oder Trockenmaschinen und anderen Geräten vor!

Gamification ist momentan enorm im Aufschwung. Empire Avenue hat den sozialen Medien einen Spielaspekt hinzugefügt und hat eine leidenschaftliche Gefolgschaft von Anhängern für sich gewonnen (wie mich). Sogar einige Dating-Websites fügen jetzt Spiele ein. Die Leute scheinen die soziale Interaktion, den Wettbewerb und den Unterhaltungswert von Websites und mobilen Apps zu mögen, die so etwas bieten. Wohin wird das führen? Das weiß keiner – und wer das Gegenteil behauptet, lügt.

Kommen wir auf den Boden der Tatsachen zurück. Mehr oder minder.

Es gibt eine andere Entwicklung, die mehr Umwälzungen in der Gesellschaft verursachen wird als alle andere, das wir bisher besprochen haben: Und zwar, wenn die virtuelle Realität ihre volle Leistungskraft erreicht.

Wie ich schon vorher erwähnt habe, langweilen sich die meisten Menschen heutzutage fürchterlich. Sie wollen einfach nur unterhalten werden. Das ist die Triebkraft hinter all den Inhalten, die wir uns gerade angesehen haben.

Doch wenn es virtuell wird, werden die Karten neu gemischt...

Das virtuelle Leben sieht so viel einladender aus als das wirkliche Leben. In der virtuellen Welt gibt es keine vergrößerte Prostata, keinen Verkehrsstau und keine gestrichenen Flüge. Man wird nie zurückgewiesen oder ausgelacht oder gefeuert, und man verliert nie ein Meisterschaftsspiel. Es gibt keine lästigen Arbeiten zu erledigen, jeder hat Sie gern, und es gibt immer ein gutes Ende.

Stellen Sie sich nun vor, Sie besitzen ein Franchiseunternehmen, das Holodeck-Kabinen anbietet (oder noch besser,

Sie sind der Franchisegeber), einen Ort, wohin die Leute nach der Arbeit kommen können, um in virtueller Realität Urlaubsreisen und Konzerte zu erleben, in ihren Lieblingsfilmen oder Lieblingsromanen mitzuspielen, einen Berg zu besteigen, gegen die Hunnen (oder die Klingonen) zu kämpfen, mit Slash Gitarre zu spielen, ein Duett mit Placido Domingo zu singen, Boris Becker beim Tennis zu besiegen, den Bass herunterzuschrauben wie Skrillex von Ultra, einen Schuss von Lionel Messi abzufangen oder mit Jesus Tee zu trinken.

Wir reden hier nicht davon, dass man sich glaubwürdige Filme über solche Erlebnisse *ansieht*. Sie werden tatsächlich in ihnen an Ort und Stelle mitspielen. Sie werden alles sehen, schmecken, hören, riechen, anfassen und fühlen, Ihr Herz wird höher schlagen, der Wind wird Ihnen in den Nacken blasen und der Schweiß wird Ihnen den Rücken hinunterlaufen.

Diese Branche wird Billionen an Einnahmen für ihre Entwickler, Programmierer, Autoren, Graphiker, Geschäftsinhaber und Marketingfachleute einbringen. Sie wird wahrscheinlich auch bei Millionen von Menschen zu ernsthaften geistigen und seelischen Problemen führen und große Spannungen in zwischenmenschlichen Beziehungen verursachen – was wiederum weitere Billionen von Dollar für Suchtbehandlungszentren, Therapeuten, Psychologen, Eheberater und pharmazeutische Unternehmen bereithält. Und wir haben noch nicht einmal die Mutter aller Verbraucherprodukte angesprochen...

Sex in der virtuellen Realität!

Sehen Sie sich all die Sexspielzeuge an, die es jetzt gibt, fügen Sie sie alle zusammen, um manuell alle Organe und Körperöffnungen zu verwöhnen, die Ihr Interesse wecken, bedecken Sie Ihren ganzen Körper mit Sensoren, schreiben Sie Ihr ideales Drehbuch und fügen Sie dann das Programm hinzu, das den perfekten Partner projiziert – sei es ein konkreter Filmstar Ihrer Wahl oder eine Zusammenstellung aus den Bestandteilen, die der Katalog bietet, die Haare, die Augenfarbe, die Gesichtszüge und all die Körperteile.

Und Ihre Partner können so wild und pervers sein, wie Sie es sich nur vorstellen können.

Sie ärgern sich heute, dass Männer ihre Familien verlassen und alle Ersparnisse fürs Alter für eine Vergnügungsreise nach Las Vegas verplempern? Was glauben Sie, werden diese Männer tun, wenn man ihnen die obige Möglichkeit bietet? Allein diese Geschäftsidee könnte zu einem katastrophalen Zusammenbruch von Familienverbänden, langfristigen Beziehungen und der Institution der Ehe führen. (Was eine Veränderung der Gesellschaft darstellen würde, die wiederum Billionen Dollar mehr für die Fachleute bereithält, die bei solchen Problemstellungen helfen können.)

Wenn die Frau (und es wird wahrscheinlich eine Frau sein), die Virtual-Reality-Sex perfektionieren wird, es schafft, sich diese Technologie patentieren zu lassen, wird sie zum reichsten Menschen der Welt werden.

Zumindest solange, bis das Klonen von Menschen erlaubt sein wird und irgendein Land der Dritten Welt beginnt, Klone von Prostituierten zu produzieren. Dann wird das Geschäft mit Virtual-Reality-Sex über Nacht einstürzen.

Denken Sie immer daran: *Wenn alle in eine Richtung laufen, laufen Sie in die andere.*

Sie sind jetzt vielleicht 50 oder 60 Jahre alt und haben unheimliche Angst vor Technologie. Ich bin 53 und befasste mich damit nur unter großem Protest, also kann ich Sie verstehen. Doch ich glaube nicht, dass dieser Computerwahn an uns vorüberziehen wird.

Jenes asoziale Kind, das den ganzen Tag über den Rest der Welt ignoriert und Videospiele spielt, wird eines Tages hervorragend qualifiziert sein, um ein Raumschiff zu fliegen, das auf Asteroiden Bergbau betreibt, oder jene Virtual-Reality-Urlaubsreisen zu programmieren oder eine Herztransplantation auszuführen – freilich per Fernbedienung aus dem Kontrollraum mit Hilfe von Robotern und einem Joystick.

Mobile soziale Medien und Apps werden jeden Aspekt unseres Lebens transformieren. Sie können sich ihnen nicht entziehen. Doch wenn Sie erst einmal Ihre Ängste beiseiteschieben, werden Sie feststellen, dass diese Technologie sehr leicht zu verstehen ist.

Und je mehr die Technologie voranschreitet, umso mehr schwindet das Risiko. Sie wird immer leichter handhabbar, wird schneller angenommen und die Kosten sinken stetig.

Egal, in welchem Geschäft Sie tätig sind – ob Sie eine internationale Ölgesellschaft leiten oder ein Filmstudio, einen kleinen Schönheitssalon haben oder Chiropraktiker sind – die Technologie verändert alles. Sie beeinflusst die Art und Weise, wie Sie Ihr Geschäft führen, es auf dem Markt anbieten und es verwalten. Diese neuen Technologien werden Unternehmen vor viele neue Herausforderungen stellen, doch sie werden auch lukrative Gelegenheiten für diejenigen bieten, die bereit sind, Risiken einzugehen.

Sie müssen den Veränderungen *voraus* sein. Doch Sie müssen bei all dem immer bedenken, dass es bei den Veränderungen nicht wirklich um die Technologie selbst geht, sondern darum, wie die Menschen sie nutzen werden, um ihre Probleme zu lösen und ihre Leben einfacher und angenehmer zu gestalten. Wenn Sie dafür Ideen haben, werden Sie gewiss zu Wohlstand kommen. Und wenn Sie denken, dass Sie dafür eine Kristallkugel brauchen, liegen Sie falsch.

Das Tolle an der Zukunft ist, dass sie sich tatsächlich mit einer überraschenden Exaktheit voraussagen lässt.

Schauen Sie sich einmal das Buch *Flash Foresight* von Daniel Burrus und John David Mann an. Es bietet einen aufschlussreichen Einblick in die Arten von Veränderungen, die zu betrachten sind, damit wir uns sicher sein können. Sobald Sie die Unterschiede zwischen zyklischen und linearen Veränderungen und zwischen weichen versus harten Trends verstehen, wir es viel einfacher, die Zukunft vorherzusagen. Und viel lukrativer.

Denken Sie immer daran: Es geht nicht um die Technologie. Es geht darum, wer darauf kommt, wie die Leute diese Technologie nutzen wollen.

2. Akt:

Käse umsonst gibt es nur in der Mausefalle

Ob Sie sich die Originalversion des Spielfilms *Titanic* aus dem Jahr 1998 ansehen oder die 3-D-Version aus dem Jahr 2012, oder ob Sie sich die Virtual-Reality-Version im Jahr 2020 ansehen werden, Sie werden immer von vornherein wissen, wie die Geschichte endet. Das Schiff sinkt und Menschen sterben.

Das Ende ist nicht weniger schwer vorhersagbar, wenn Sie sich heute in der Welt umsehen und betrachten, wie Regierungen mit ihren Budgets umgehen und wie sie die Wirtschaft manipulieren. Volkswirtschaften werden abstürzen und Menschen werden zu Schaden kommen.

Natürlich werden viele *andere* Menschen reich werden. Es werden diejenigen sein, die freudig Risiken eingehen, Veränderungen willkommen heißen und den Trends vorauseilen. Paradigmen werden wechseln und neue Herausforderungen werden sich einstellen, und diejenigen, die Lösungen bieten, werden zu Wohlstand kommen, so wie es schon immer war.

Wahrer Wohlstand entsteht immer durch den Austausch von Werten. Es wird eine riesige Nachfrage nach Menschen und Unternehmen geben, die Probleme lösen werden.

Doch die alten Methoden, die wir als „sicher" betrachtet haben – Geld auf einem Sparkonto einzahlen, sich staatliche Wertpapiere zulegen und sich auf gesetzliche Rentenversicherungen zu verlassen – sind neuerdings sehr riskant geworden.

Heutzutage folgen viele Regierungen den keynesianischen Wirtschaftstheorien. Obgleich diese weitläufig akzeptiert werden, funktionieren sie einfach nicht. Diese Theorien basieren auf der Philosophie, dass der Staat nicht nur am besten weiß, wie der Markt funktioniert (was einfach lächerlich ist), sondern dass der Staat tatsächlich eine Volkswirtschaft *wohltätig steuern* kann (was mehr als lächerlich ist, wie die katastrophalen Ergebnisse solcher Bemühungen belegen). Tagtäglich laufen Milliarden von Transaktionen ab, und an jeder ist jemand beteiligt, der seinen eigenen Vorteil sucht. In einem System zu arbeiten, bei dem eine zentrale Regierung behauptet, sie wüsste, was für alle das Beste ist, ist nicht nur lächerlich – es ist gefährlich.

Diese Theorien legen nahe, dass Länder mehr Geld ausgeben können als sie einnehmen, und wenn das Defizit einem bestimmten Prozentsatz des Bruttosozialproduktes entspricht, macht es nichts aus. Das ist genau dasselbe wie mit den Analytikern, die während der Dotcom-Blase die Null-Erlös-Modelle hochlobten.

Die Tatsache, dass jeder daran glauben wollte, machte es *nicht wahr.*

Die ganze Dotcom-Debatte und die Wirtschaftspolitik, die von den heutigen Staatsregierungen praktiziert wird, sind nicht weniger dumm als der alte Scherz: „Wir verlieren an jedem Verkauf Geld, aber wir machen es mit dem Umsatz wett."

Während ich das hier schreibe, gehen die Staatsregierungen der Europäischen Union gerade durch große Turbulenzen. Die Leute demonstrieren in Griechenland auf den Straßen und die Länder, die ihre Budgets besser verwaltet haben, sind wütend auf die, die es nicht geschafft haben. Sie verlangen von jenen bankrotten Ländern, dass sie mehr Ausgaben kürzen sollen, um ihre Budgets wieder in die Reihe zu bekommen. Doch natürlich rebellieren die

Völker in diesen Ländern. In ganz Europa gibt es Bummelstreiks, Arbeitsniederlegungen und Demonstrationen und es werden immer mehr.

Ich bin überzugt, dass der Euro in Folge all dieser politischen Unruhen zusammenbrechen wird. In sehr naher Zukunft wird der Punkt erreicht sein, an dem die Politiker in einigen dieser bankrotten Länder nicht mehr in der Lage sein werden, die Einschränkungen zu vertreten, die andere Mitgliedsstaaten verlangen. Die Politiker in den Ländern, „die es sich leisten können", **werden es für ebenso unvertretbar halten, die Steuerlast ihrer eigenen Bürger immer mehr zu erhöhen, um die Länder,** „die es sich nicht leisten können", zu subventionieren. Das zu tun hieße für sie, von den Wählern aus dem Amt gewählt zu werden – was schon geschieht, während ich diese Worte schreibe.

Das Konzept hinter dem Euro war fehlerhaft, und die Art und Weise, wie es umgesetzt wurde, war der Sache auch nicht dienlich. Statt eine wirkliche Finanzunion mit zentralisierter Steuer- und Ausgabepolitik zu schaffen, haben die Schöpfer der Eurozone an ihrer Stelle nur Regelungen **über den** Umfang der Schulden und Defizite der Mitgliedsstaaten aufgestellt. Obwohl diese Regelungen im Vertrag von Maastricht wörtlich niedergelegt wurden, richtete sich keiner der Mitgliedsstaaten nach ihnen – nicht einmal das fiskalisch konservative Deutschland.

Wie wird es geschehen?

Wenn das erste „reiche" Land aus dem Euro-Verbund austritt, wird dies einen Dominoeffekt zur Folge haben und die meisten lebenstüchtigen Staaten werden dann innerhalb von Monaten diese Währung nicht mehr anerkennen oder nicht mehr nutzen. (Vielleicht wird eine Handvoll der ursprünglichen Mitgliedsstaaten den Euro noch beibehalten.) Die meisten oder alle Staaten werden zu ihren alten

Währungen zurückkehren – und wenn sie das tun, werden sie die Gelegenheit nutzen, die Engpässe in ihren Budgets durch eine Abwertung der neuen (alten) Währungen aufzufüllen. Obgleich ihnen dies eine kurzfristige Erleichterung verschaffen wird, wird es im Endeffekt die Inflation verstärken – und jedem Land fürchterlichen langfristigen Schaden zufügen.

Dies wird zu einem finanziellen Blutbad führen, das Auswirkungen auf den Dollar, das Pfund, den Yen und alle anderen Währungen haben wird.

Viele Menschen werden ein Vermögen verlieren. Andere werden Vermögen machen. (Mehr dazu später...)

Hier in den USA haben wir einen atemberaubenden Rekord für Budgetdefizite aufgestellt. Wenn im Jahr 2012 ein Präsidentschaftskandidat versprechen würde, den Budget auszugleichen, würde man ihn als extremistischen Irren bezeichnen und ihn mit großem Gelächter aus dem Rennen jagen. Warum? Weil die Kürzungen, die nötig wären, um die USA in den Rahmen ihrer Mittel zu weisen, so drastisch wären, dass sie Straßenaufstände und womöglich gar einen Bürgerkrieg hervorrufen würden.

An vielen Orten rund um den Globus haben wir eine Grenze überschritten, die für die Zukunft großes Unheil verkündet.

Die Zahl der Menschen, die heute staatliche Hilfeleistungen erhalten, übertrifft bereits die Zahl derer, die produktiv sind und in die Kassen einzahlen. Programme, die Ansprüche auf staatliche Leistungen gewähren, laufen Amok. Und sobald man jemandem einen solchen Anspruch gewährt, beginnt er, die Leistung als sein „gutes Recht" zu betrachten. Wir haben einen der wichtigsten Grundsätze aus unserer Verfassung und Freiheitsurkunde aus den Augen verloren. Ich zitiere Thomas Jefferson:

Jemandem etwas wegzunehmen, weil man glaubt, dass er durch seinen Fleiß und den Fleiß seines Vaters zu viel angesammelt habe, um es an andere zu verteilen, die selbst oder deren Väter nicht den gleichen Fleiß und die gleiche Mühe aufgebracht haben, heißt, willkürlich den obersten Grundsatz der Gesellschaft zu verletzen – die Garantie, dass jeder seinen Beruf frei ausüben und die Früchte seiner Arbeit genießen darf.

Der Staat missmanagt sein Budget und seine Sozialhilfeprogramme. Damit löscht er den Wohlstand aus, schadet allen, aber ganz besonders den Armen, und treibt einen Keil zwischen die Einkommensklassen.

Es ist durchaus möglich, dass der nächste Hitler kein Rassist sein wird, sondern ein Demagoge, der die Massen aufstacheln wird, die Reichen zu stürzen oder gar zu töten.

Und es gibt jede Menge Menschen, die sich entrechtet fühlen und frustriert sind, die ein Anspruchsdenken und eine Opfermentalität haben und die bei so etwas liebend gern mitmachen werden.

Während ich dabei war, dieses Kapitel zu schreiben, erhielt ich eine Nachricht, die ich zunächst für einen Internet-Schabernack hielt – doch ungeheuerlicher Weise war es keiner: Katja Kipping, die Leiterin der deutschen Partei Die Linke verlangte nach 100 Prozent Steuern auf jegliches Einkommen über € 40.000,-- pro Monat. Denken Sie mal eine Minute darüber nach. Ein hundert Prozent!

Kippings Begründung lautet, dass es bei Einkommen ab jenem Level „kein Mehr an Lebensgenuss gibt". (Nebenbei gesagt, ich verdiene mehr als € 40.000,-- pro Monat und kann Ihnen versichern, dass es da sehr viel mehr Lebensgenuss gibt.) Sie gab zu, die Idee vom französischen Präsidentschaftskandidaten Jean-Luc Mélenchon übernommen zu haben, der 100 Prozent Steuern auf alle Einkommen über € 360.000,-- pro Jahr verlangt hat.

Das Problem bei dieser Philosophie, nach der die Reichen geschröpft werden sollen, ist, dass dies eine direkte Verletzung der geltenden Gesetze für Erfolg und Wohlstand ist. Und ironischerweise sind die wahren Opfer dieser Philosophie in der Tat die Armen. Sie sind die Letzten, die eingestellt werden, und die Ersten, denen gekündigt wird, sie haben den größten Bedarf nach Unterstützung und sie haben mit der geringsten Wahrscheinlichkeit die Ressourcen, um mit Not umzugehen.

Kipping schlägt auch eine Grundrente von € 1.050,-- pro Monat für alle deutschen Bürger vor. Wie die meisten Anhänger des Kollektivismus vergisst sie dabei das Wichtigste: Staatsregierungen können nur dann jemandem etwas geben, wenn sie es jemandem anderen wegnehmen. Und die Einführung dieser Art von lästigen Steuern führt nur dazu, dass die produktivsten Bürger ins Ausland fliehen. Die besten Produzenten werden vertrieben und die größten Leidtragenden sind wiederum die Armen.

Einige dieser Wirtschaftstheorien mögen in Ihnen den Eindruck erwecken, dass für Staatsregierungen andere Regelwerke gelten als für den Rest von uns. Doch das ist nicht der Fall. Die Grundprinzipien für Erfolg und Wohlstand sind für Regierungen nicht anders als für die Menschen im allgemeinen.

Käse umsonst gibt es nur in der Mausefalle

Wie ist es denn so weit gekommen – und was können wir dagegen tun? Wir müssen zunächst die Ursache für diese verrückte dysfunktionale Wirtschaftstheorie erkennen. Egal mit wie vielen politischen Parteien Demokratien und Republiken ihren Anfang nehmen, sie entwickeln sich unausweichlich zu Zwei-Parteien-Systemen.

Der Evolutionsprozess bewirkt, dass die zwei Parteien, die am Ende übrig bleiben, einander genau entgegengesetzte politische Standpunkte vertreten. Während dieser Evolution werden Parteien mit ähnlichen Philosophien in die beiden überlebenden integriert.

Ihre Namen mögen sich von Land zu Land unterscheiden, aber die Namen spielen keine Rolle. Eine Partei wird liberal sein und die andere konservativ. Wichtiger ist jedoch, dass eine Partei an der Macht sein wird und die andere Partei nicht mehr. Und Macht verdirbt – sogar die idealistischsten, bestmeinendsten Menschen. (Ganz zu schweigen von den zynischen und böswilligen.)

Die Partei, die an der Macht ist, will an der Macht bleiben, und die Partei, die nicht mehr an der Macht ist, will wieder an die Macht kommen. Und der einzige Weg, der dahin führt, besteht darin, mehr Stimmen als die andere Partei zu bekommen. *Und der beste Weg dahin besteht darin, dass man Gratis-Käse verteilt.*

Sagen wir, zum Beispiel, Partei A bietet kostenlose rezeptpflichtige Medikamente. Partei B nimmt die Chance wahr und überbietet das mit kostenloser Gesundheitsversorgung. Partei A legt noch einmal mit Studentendarlehen nach. Partei B kommt mit Gratis-Bildung an.

Nun, jeder will den Käse haben, aber keiner will dafür bezahlen. Die Politiker brauchen eine Mehrheit, um gewählt zu werden. Und es gibt mehr Leute, die nur ein wenig oder gar keinen Käse haben, als Leute mit viel Käse. Also schraubt sich die Plattform hoch, dass man die produktiven Menschen höher besteuern sollte, um die unproduktiven zu subventionieren. Die Botschaft wird populistisch:

„Die Reichen können sich mehr leisten."

„Jeder muss seinen fairen Anteil dazugeben."

„Die Bedürfnisse vieler wiegen schwerer als die von einigen wenigen."

Die Bevölkerung ist bereits mit Dutzenden von Geistesviren infiziert, die ihnen die Pop-Kultur, die organisierte Religion und der Staat ins Gehirn eingeimpft haben. Einige der verbreiteten Meinungen sind:
- Geld ist schlecht.
- Reiche Leute sind böse.
- Es ist gut (oder edel), arm zu sein.
- Du wirst noch deine Seele für Geld verkaufen.
- Geld macht nicht glücklich.
- Großunternehmen werden reich, indem sie die armen Leute ausbeuten und die natürlichen Ressourcen plündern.

Eines meiner früheren Bücher, *Why You're DUMB, SICK and BROKE and How to Get SMART, HEALTHY and RICH! (Warum du DUMM, KRANK und PLEITE bist und wie man KLUG, GESUND und REICH wird!)* untersucht die Themen der Programmierung und der Geistesviren detaillierter. Die meisten Menschen sind mit solchen negativen Meinungen über Geld infiziert und sind daher sehr empfänglich für politische Ideen, die sich darum drehen, den Reichen ihr Geld abzunehmen und es unter den Armen zu verteilen. Die beiden Parteien nutzen das für ihre Zwecke aus, nämlich um an der Macht zu bleiben oder die Macht wiederzuerlangen. Und der glitschige Rutsch abwärts beginnt. *Wir bewegen uns von* Atlas Shrugged, *dem Roman, über* Atlas Shrugged, *dem Film, zu* Atlas Shrugged, *der Realität. (Das Buch Atlas Schrugged von Ayn Rand erschien unter dem dt. Titel „Atlas wirft die Welt ab")*

Die Staatskassen sind die neuen Ponzi-Schemen.

Sie setzen die ultimativen Pyramidenspiele in Umlauf. Wenn Sie Ihre Bücher genauso führen würden wie Ihre Regierung es tut, würden Sie im Gefängnis landen.

Staatsregierungen kommen ungestraft davon, weil sie die Druckmaschinen in ihrer Gewalt haben. Und wenn das Geld knapp wird, drucken sie einfach mehr davon. Was natürlich jegliches vorhandene Geld entwertet, die Inflation erhöht und die Lebenshaltungskosten in die Höhe treibt. (Was wiederum die Armen am härtesten trifft.) Doch dies ermöglicht es den Bürokraten, weiter zu machen wie bisher, mit dem einzigen Ziel im Auge, die nächsten Wahlen zu gewinnen, um an der Macht zu bleiben oder sie wiederzuerlangen.

Ihnen muss folgendes klar sein: Sofern eine Währung nicht durch etwas gedeckt ist (so wie der US-Dollar bis 1971 durch Gold gedeckt war), ist sie im Grunde wertlos. Der Staat sagt Ihnen zwar, ein bestimmter Geldschein sei 20 Dollar oder Pfund oder Pesos wert, aber das ist nicht wahr. Das ist nur der subjektive Wert, den Ihnen der Staat verkaufen will, doch jedes Mal, wenn der Staat zu viel ausgibt und mehr Geldscheine druckt, sinkt der Wert.

Es ist Papiergeld ohne Deckung, und das System funktioniert nur so lange, so lange die Leute dem Staat diesen Mist abkaufen. Ich bin nur eine der einsamen Stimmen in der Wüste, die da rufen: „Aber der Kaiser hat ja gar nichts an!"

Sozialhilfeprogramme haben nun genau die entgegengesetzte Wirkung dessen, wozu sie gedacht waren: Statt den weniger wohlhabenden Menschen zu helfen, auf den Wohlstand hin zu arbeiten, verurteilen sie jene Menschen dazu, für immer und ewig Sklaven der Armut zu bleiben. Diese gut gemeinten, jedoch falsch ausgeführten Programme haben zu einem Teufelskreis geführt, und Politiker nutzen die Situation aus, um ihre eigenen Zwecke zu verfolgen.

Was können Sie also tun, um trotzdem zu Wohlstand zu kommen, trotz dieser gefährlichen Spiele, die Staatsregierungen in aller Welt spielen?

Denken Sie immer daran, dass jede Herausforderung eine entsprechende Chance mit sich bringt, auch wenn sie oft schwer zu erkennen sein mag. Doch niemand kann davon ausgehen, dass das, was in der Vergangenheit funktioniert hat, auch in der Zukunft funktionieren wird. Das Pendel mag heute in die eine Richtung schwingen, doch ab irgendeinem Punkt muss es zurückschwingen.

Spielen Sie den Status Quo gegen sich selbst aus.

Wenn etwas knapp wird, steigt sein Wert. Wenn etwas in großen Mengen vorhanden ist, sinkt der Wert. Wenn ein Problem auftaucht, werden die Leute bereit sein, viel dafür zu bezahlen, es zu lösen. Sehen wir uns also an, wie Sie diese Umstände nutzen können, um mehr Erfolg und Wohlstand in Ihrem Leben zu manifestieren...

HINWEIS: Ich bin kein Rechtsanwalt oder Finanzberater und ich erteile keinen rechtlichen Rat und gebe keine Empfehlungen für Geldanlagen. Bitte, suchen Sie sich gute Rechts- und Finanzberater, die Sie bei Ihrem Wohlstandsaufbau unterstützen können.

Ich bin ein Wohlstands-Coach. Die einzige Qualifikation, die ich vorweisen kann, ist, dass ich ein Schulabbrecher bin, der reich geworden ist. Ich werde Ihnen einige Konzepte und Ideen vorstellen, die Sie zusammen mit Ihren Beratern in die Praxis umsetzen können – was mich zu meiner ersten Regel für Wohlstandsaufbau bringt:

Wenn Sie wohlhabend werden wollen, suchen Sie in Gelddingen nicht Rat bei Menschen, die selbst pleite sind.

Vor zwei Jahren habe ich eine Menge Geld bezahlt, um in Kalifornien an einer Konferenz zum Thema Investitionen teilzunehmen. Es war eine jener „Werbe-Feten", bei denen alle 90 Minuten ein anderer Redner auf die Bühne kommt. In den ersten 30 Minuten versuchen diese Redner, Ihnen ihre eigene Strategie zu verkaufen, und die weiteren 60 Minuten verbringen sie damit, ihr Paket anzupreisen, das es hinten im Raum zu kaufen gibt. Da gab es einen Immobilientypen, die Kleinaktionärin, den Verleger eines Mitteilungsblattes für Geldanleger, den Devisenhändler und so weiter. Ich saß zwei Tage dieses Vier-Tage-Programms dort, bis ich die alarmierende Feststellung machte: Keiner jener Experten bei jener Konferenz verdiente mehr Geld als ich. Also rief ich bei der Fluggesellschaft an und organisierte mir einen früheren Rückflug.

Mit Ihren Finanzen sollten Sie ebenso umgehen. Ihre Bankfachfrau kann Ihnen vielleicht einige sinnvolle Ratschläge dazu geben, welche Arten von Konten Sie benötigen. Aber sie verdient wahrscheinlich nicht mehr als 40.000,-- Euro pro Jahr. Erwarten Sie also nicht von ihr, dass sie Ihnen sagen kann, wie Sie Millionär werden können.

Ihr Steuerberater kann Ihnen wahrscheinlich einige stichhaltige Strategien anbieten, wie Sie Ihre Steuerzahlungen senken können. Doch wenn er selbst keine finanzielle Freiheit genießt, erwarten Sie nicht von ihm, dass er Sie lehren kann, dieses Ziel zu erreichen. Dasselbe gilt für Ihren Geldanlageberater, Ihren Aktienhändler und Onkel Hans oder Franz von nebenan.

In Rente gehen

Von Ihrer Staatsregierung zu erwarten, dass sie für Ihre Rente aufkommen wird, ist genau so, als würden Sie Hannibal Lecter beauftragen, um die Speisekarte für Ihre nächste Party zu planen. Hören Sie nicht auf die Zahlen und Voraussagen der Regierung. Alle Pyramidenspiele versprechen Ihnen solche Erträge. Und verlassen Sie sich auch nicht auf die Altersvorsorgeprogramme Ihres Arbeitgebers. Sehen Sie sich das Beispiel der Angestellten jener Fluggesellschaft an, die die Hälfte ihrer Beiträge zur Rentenversicherung in Luft aufgehen sahen, als ihr Arbeitgeber Konkurs anmeldete und ihre Rentenansprüche einfach vom Tisch fegte.

Sie müssen die Verantwortung für Ihr eigenes Wohlergehen selbst in die Hände nehmen und selbst für Ihre Rente vorsorgen, damit Sie nach Ihrem Ausstieg aus dem Arbeitsleben ein schönes Leben haben. Alles, was Sie zusätzlich vom Staat oder von Ihren früheren Arbeitgebern erhalten, ist nur das Sahnehäubchen auf Ihrem Sonntagskuchen.

Hier sind einige Wege, wie man das tun kann:

Diversifizieren

Stecken Sie nicht alle Ihre Ersparnisse in eine Währung. Sie sollten mindestens auf drei oder vier Währungen aufgeteilt sein. Vergessen Sie nie, dass Papiergeld anfällig für politische Manipulationen und die Empfindungen der Öffentlichkeit ist. In manchen Ländern kann man sich ein Rentensparkonto in Schweizer Franken einrichten. (Wenn die EU wirklich den Euro zum Funktionieren bringen wollte, hätte sie nach dem Modell der Schweiz vorgehen sollen. Es ist ein Land mit vier Volkszugehörigkeiten und Sprachen, finanziell starken Kantonen und einer einzigen Währung. Es hat vernünftige Geheimhaltungsgesetze und ist nicht kriegslustig, und daher ist seine Währung stabiler als die der meisten anderen Länder.)

Bewahren Sie nicht alle Ihre Vermögensgüter an Ihrem Wohnort auf. Sie mögen glauben, dass Staaten nicht bankrottgehen können, doch sie können es tatsächlich – und sie werden es. Ich würde gern davon ausgehen, dass es nie wieder einen Ansturm auf die Banken geben wird, aber das ist angesichts der gegenwärtigen staatlichen Geldpolitik eine ziemlich optimistische Hoffnung.

Wenn das Bankensystem eines Landes zusammenbricht, folgt dem unmittelbar die gesamte Infrastruktur. Bankomaten geben kein Bargeld mehr aus, den Tankstellen geht das Benzin aus, und Plünderer brechen in Supermärkte und andere Geschäfte ein. Sie sollen darauf vorbereitet sein, dass eine Währung über Nacht wertlos oder ein Land innerhalb von wenigen Wochen unbewohnbar werden könnte. Statt einem Hauptwohnsitz in Chicago und einem Ferienhaus in Florida denken Sie lieber daran, sich Ihren Zweitwohnsitz in einem anderen Land einzurichten – vorzugsweise auf einem anderen Kontinent.

Und wo wir gerade von Immobilien sprechen...

Kaufen Sie sie. Sie sind gute Geldanlagen. Tun Sie es aber auf die richtige Weise.

Vergessen Sie all die verrückten Leverage-Deals, bei denen man keine oder nur eine kleine Anzahlung leisten muss. Stecken Sie eine vernünftige Portion Eigenkapital hinein oder zahlen Sie gleich alles in bar. Wenn Sie eine Finanzierung aufnehmen, nehmen Sie einen Hypothekarkredit auf, den Sie vorzeitig abzahlen können, und zahlen Sie das Darlehen so schnell ab wie nur möglich.

Ich weiß, dass der berühmte Investor Robert Kiyosaki ein Eigenheim nicht als ein Vermögensgut ansieht, aber in diesem Punkt stimme ich ihm nicht zu. Immobilien zu besitzen ist gut, weil Grund und Boden eine weitere begrenzte Ressource ist und letztendlich seinen Wert beibehalten und steigern wird.

Ja, die Immobilienpreise werden steigen und fallen, genauso wie alle anderen Preise auch. Doch obwohl der subjektive Wert innerhalb eines jeden Gebiets schwankt, bewegen sich die Werte doch immer in bestimmten Zyklen auf und ab. Eine Immobilie in einer verfallenden Nachbarschaft kann sich in eine Kostbarkeit verwandeln, wenn sich die Gegend wieder erholt. Und trotz aller Launen des Marktes ist Grund und Boden immer eine begrenzte Ressource, deren Wert sich letztendlich immer wieder erholt.

Wichtig ist, nie eine Immobilie zu kaufen, wenn Sie bei einem wirtschaftlichen Abschwung gezwungen wären, sie zu verkaufen. Machen Sie eine ausreichend große Anzahlung, damit Sie einen ein- bis zweijährigen Abschwung überstehen und immer Ihre Zahlungen leisten können, auch wenn Sie keine Mieter haben oder wenn Ihre Mieter nicht zahlen. Wenn Sie solche schlechten Zeiten überstehen, wird sich der Immobilienpreis immer wieder erholen.

Seien Sie ein Querdenker

Schauen Sie immer, wohin die großen Massen laufen, und fragen Sie sich, wie der Rückpralleffekt wohl aussehen wird. (Mehr dazu im nächsten Kapitel.)

Je mehr Spielchen die Staatsregierungen spielen und je mehr die Währungen an Wert verlieren, umso mehr wird der Wert von Edelmetallen wie Gold, Silber und Platin steigen. Diese Metalle sind die einzige wirkliche Währung der Welt. Alles andere ist nur ein Zahlungsversprechen. Und man kann den Regierungen nicht trauen, die diese Versprechen machen.

Sie sollten von jedem der drei genannten Edelmetalle ein wenig besitzen und sie zu Ihrem Portfolio hinzufügen. Mit „besitzen" meine ich, *die Metalle körperlich in Besitz nehmen* – zum Beispiel in Form von Goldbarren, die Sie in einem leicht zugänglichen Tresor aufbewahren. Edelmetalle sind die einzige Währung, die über alle Landesgrenzen hinweg gilt.

Eine Rockoper in vier Akten

Genauso wie Geldwährungen sollten Sie auch nicht alle Ihre Edelmetalle im selben Land aufbewahren. Ich würde zwar die meisten in Griffnähe behalten, aber ein wenig auch in einem anderen Land aufbewahren.

Gold kann man in manchen ausländischen Banken direkt kaufen oder man kann es über Edelmetallhändler erwerben. Ich wende mich dazu gern an europäische Banken, weil sie die größte Erfahrung damit haben und weil es relativ billig ist, sich in Europa ein Bankschließfach zu mieten. Diese Banken werden in der Regel von Ihnen verlangen, sich dort ein Konto einzurichten, aber das ist sowieso eine gute Idee. Wenn Sie kein Konto bei einer ausländischen Bank haben wollen, können Sie Gold auch in einem Privattresor aufbewahren.

Gold kann man in diesem Medium auf zweierlei Weise kaufen: als zugewiesen und nicht zugewiesen. Nicht zugewiesen ist eine sogenannte „Depotforderung", wobei die Bank in Ihrem Namen Gold kauft und sich eine „spezifische, jedoch ungeteilte" Situation einstellt. Sie besitzen dann zum Beispiel einen Bruchteil eines 400 Unzen schweren Goldbarrens. Ich empfehle, diese Option wegen den komplizierten Besitzverhältnissen lieber bleiben zu lassen. (Außerdem ist es in der Vergangenheit geschehen, dass bei Zahlungsunfähigkeit von Banken solches Gold als ein Vermögensgut der jeweiligen untergegangenen Bank betrachtet und den Kreditoren überlassen wurde.)

Sie sind viel besser mit zugewiesenen Edelmetallen geschützt, die sie der Bank zur „Sicherheitsverwahrung" geben. Die Bank kauft Ihren spezifischen, ganzen Goldbarren und schreibt ihn aus den Büchern der Bank ab – das heißt, der Barren geht in *Ihr Vermögen* über und die Bank bewahrt ihn einfach nur für Sie auf. Die Kauf- und Aufbewahrungskosten sind dann zwar höher, aber das ist die zusätzliche Sicherheit wert.

Ich empfehle nicht, die sogenannten Anlagebarren zu kaufen. Das ist etwas für Tageshändler. Sie wollen die Barren kaufen und behalten. Für immer. Es spielt keine Rolle, wie hoch der Marktpreis ist und wie er sich nach oben und unten bewegt. Ihnen geht es um langfristige Sicherheit, nicht um Tagesgewinne.

Eine andere überlegenswerte Möglichkeit sind Edelmetallzertifikate. Mein liebstes ist das „Perth Mint Certificate". Sie kaufen von einem beliebigen Ort der Welt aus Gold und es wird für Sie in der Münzanstalt in Perth, Australien, gelagert. (Wie beim Kauf über die Bank kann man zugewiesene oder nicht zugewiesene Goldbarren kaufen.) Fragen Sie lieber bei Ihrem Steuerberater nach, aber es scheint mir so, dass man den Besitz von Goldzertifikaten in der Steuererklärung nicht als Auslandskonto anführen muss.

Die Gesellschaft, die das Programm verwaltet und Ihr Gold aufbewahrt, gehört dem Staat Westaustralien, und dieser garantiert, dass er für jeglichen Verzug der Gesellschaft aufkommen wird. Es ist einer der reichsten Bundesstaaten des Landes und als ich das letzte Mal seine Kreditwürdigkeit überprüft habe, hatte er ein AAA-Rating von Standard and Poor's. Obwohl ich ansonsten nicht viel Vertrauen in Staatsregierungen habe, denke ich doch, dass diese Anlage einem geringen Risiko ausgesetzt ist und die Diversifizierung von Vermögen im Ausland ermöglicht, ohne dass man eine Auslandsreise unternehmen muss, um einen Goldbarren in ein Bankschließfach zu bringen.

Wenn Sie noch stärker diversifizieren möchten, könnten Sie auch Aktien von Gesellschaften kaufen, die Edelmetalle abbauen. Ihre Schicksale sind an den Metallpreis gebunden, und daher gehen ihre Aktienwerte mit den Metallpreisen auf und ab.

Als ich begann, Leuten zu empfehlen, Gold zu kaufen, kostete die Unze $300 – und jeder dachte, ich wäre verrückt. Ich habe nie einen Rückzieher gemacht, und selbst als der Goldpreis die Bewertung von $500, $800 und $1.000 überschritt, belächelten mich die Leute noch immer. Doch ich baue mir hier meine Zukunft auf, ich wetteifere nicht um den Titel *American Idol*.

Hören Sie nicht auf den Rat der meisten Leute, denn die meisten Leute sind pleite.

Gedenkmünzen aus Gold und Silber sind in der Regel nicht so gute Geldanlagen und rechtfertigen nicht den verlangten Preis. Doch es kann nicht schaden, eine kleine Sammlung von ihnen für den Notfall zu haben. Falls das Bankensystem zusammenbricht, könnte das Handeln mit echten Gold- oder Silbermünzen die einzige Möglichkeit sein, um in Zeiten innerer Unruhen Benzin oder Lebensmittel kaufen zu können. Sie können eine kleine Anzahl von Münzen zu Hause im Tresor aufbewahren und einige weitere im Schließfach einer nahe gelegenen Bank.

Die Leute fragen mich gern, ob ich glaube, dass Gold seinen Höchstpreis erreicht hat und bald abstürzen wird. Alles was ich dazu sagen kann, ist, dass ich meines nicht verkaufe. Beim gegenwärtigen Zustand der Staatsbudgets und der Währungen sehe ich keinen Grund, warum der Goldpreis eines Tages nicht auf $15.000 pro Unze hochgehen sollte. Ich behaupte nicht, dass er das tun wird, aber es würde mich nicht überraschen.

Doch da gibt es noch etwas zu bedenken...

Wenn die Menschen beginnen, Bergbau auf Asteroiden zu betreiben, könnte der Goldpreis auf $ 200 pro Unze absacken! Jemand wird das Risiko eingehen, in den Bergbau im Weltall zu investieren (die Firma Planetary Resources, zu deren Investoren Leute wie James Cameron und die Google-Jungs gehören, ist schon im Spiel) und könnte eine Technologie entwickeln, die es möglich macht, Edelmetalle aus dem All billiger zur Erde zu bringen, als sie hier abzubauen. Dadurch werden sich die Edelmetallmärkte im Handumdrehen verändern.

Und dasselbe wird mit Immobilien geschehen. Ihr Haus mit Meerblick in Florida steigt nur deshalb im Wert, weil dort nicht mehr Bauland mit Meerblick vorhanden ist. Doch wenn Bauträger beginnen werden, Immobilien auf dem *Meeresboden* zu verkaufen, dann wird sich der Markt anpassen! Und wenn Bauträger beginnen werden, Teilnutzungsrechte für Immobilien auf dem Mond zu verkaufen, wird sich der Markt wieder anpassen! Und denken Sie daran – wir reden hier nicht vom nächsten Jahrhundert. Auf einige dieser Dinge werden wir nicht einmal bis zum nächsten Jahrzehnt warten müssen. (Sir Richard Branson wird 2013 beginnen, auf seiner Virgin Galactic Touristen ins Weltall zu fliegen.)

Risiken eingehen

Risiko wird zur neuen Sicherheit, wenn man kalkulierte Risiken eingeht, die auf soliden Informationen und intelligenten Annahmen beruhen. Es heißt nicht, das man Risiken nur des Risikos wegen eingehen sollte. Für die Planung Ihres Portfolios gebe ich Ihnen eine einfache Richtschnur an die Hand, die ich selbst nutze, um meine eigenen Investitionen in Bezug auf Risiko festzulegen:

Investieren Sie 50 Prozent Ihres Portfolios in risikofreie Geldanlagen mit niedrigen Erträgen. Das heißt, dass Sie theoretisch Ihr Geld nicht verlieren können; wobei wir natürlich wissen, dass es dafür niemals eine Garantie gibt. Diese Art von Geldanlage kann ein Sparkonto sein oder ein Einlagenzertifikat mit staatlich gestützter Garantie. Ich fühle mich auch bei Edelmetallen sicher genug, um sie in diese Kategorie einzuordnen.

Viele anspruchsvolle Investoren meiden diese Anlagen mit niedrigen Erträgen, weil sie nach größeren Gewinnen streben. Aber darin liegt auch der Grund, warum so viele in der Dotcom-Blase, beim Zusammenbruch des Immobilienmarktes oder beim Investieren mit Bernie Madoff alles verloren haben.

Ich prahlte früher, wenn ich alles verlieren würde, wäre ich innerhalb eines Jahres wieder Millionär. Dann bewies ich es. Doch dann beschloss ich, dass es doch einfacher wäre, wenn ich *nicht* alles verlieren würde.

Der nächste Schritt ist, 25 Prozent Ihres Portfolios in Geldanlagen mit mäßigem Risiko und mäßigen Erträgen zu stecken. Dort ordne ich Dinge wie Immobilien und Aktien ein.

Und schließlich können Sie 25 Prozent Ihres Portfolios in Szenarien mit höherem Risiko und höheren Erträgen stecken. Das ist zum Beispiel einer jener Fälle, wenn Ihr Cousin Sie anruft und Ihnen sagt, er habe in eine Ölquelle investiert und bekäme 2.000 Prozent Ertrag pro Jahr. Prüfen Sie das nach und wenn es echt aussieht, gehen Sie das Risiko ein. Doch auch wenn es schon sechs Monate gut läuft, nehmen Sie trotzdem nicht ihr ganzes restliches Geld aus den beiden anderen Kategorien, um es auch noch in jenes Projekt zu stecken. Schweine werden fett. Mastschweine werden geschlachtet.

Unterm Strich: Staatsregierungen – auch die wohlmeinenden – sind grundsätzlich korrupt und schlecht gemanagt. Sie schaffen niemals Wohlstand – sie verschwenden ihn und behindern ihn. Sie können bestenfalls eine Umgebung herstellen, die ein freies Unternehmertum ermöglicht – und nur freies Unternehmertum kann wahren Wohlstand schaffen.

Die Stunde hat geschlagen: Es wird ernste wirtschaftliche Turbulenzen geben, wenn Regierungen die Dummheit begehen, zu versuchen, die Wirtschaft zu mikromanagen. Menschen, deren Altersrente von den Staatsregierungen abhängt, werden die Leidtragenden sein. Doch für diejenigen, die die Realität der Situation erkennen, gibt es mehr Möglichkeiten zum Wohlstandsaufbau als je zuvor.

Eine Rockoper in vier Akten

Tenorarie:
Die neue Religion der Ideen

Bisher haben mich meine Reden und Seminare in über 50 Länder geführt. Da zeigt sich eine ziemlich faszinierende Dynamik.

Unlängst kehrte ich aus Sofia in Bulgarien zurück, wo etwa 2.000 Menschen eine nach ihren Verhältnissen ziemlich große Stange Geld dafür bezahlt haben, um an meinem Wohlstands-Seminar teilzunehmen und mich sprechen zu hören. Wenn ich Programme in Moskau durchführe, reisen manche Menschen 30 Stunden im Zug oder sind fünf Tage auf der Straße unterwegs – und sie schlafen oft in ihren Autos – um dabei zu sein. Ich habe eine ganztägige Veranstaltung für 7.000 Menschen in Kiew durchgeführt, und das in einer Sporthalle ohne Klimaanlage, wo die Temperatur auf über 37°C anstieg. Zehn oder zwölf Teilnehmer wurden wegen Hitzschlag mit dem Rettungswagen abgeholt. Doch erst so etwas konnte sie veranlassen, den Raum zu verlassen; alle anderen blieben da. In Ländern wie Slowenien, Kroatien, Mazedonien, Lettland oder Litauen ist die Situation ähnlich. Die Bürger von Ländern, in denen freies Unternehmertum jahrzehntelang verboten war oder von den Sozialisten oder Kommunisten unterdrückt wurde, zeigen einen enormen Nachholbedarf an Erfolg, der sich über Jahrzehnte hinweg aufgestaut hat. Das Niveau von Leidenschaft, Intensität und Dringlichkeit, mit dem sie Gelegenheiten beim Schopf packen, ist ganz erstaunlich mit anzusehen.

Bücher – und die Autoren, die sie schreiben – werden an solchen Orten verehrt, und Seminare betrachtet man als lebensverändernde Erlebnisse. In manchen dieser Länder sind die Leute so verrückt danach, ein Foto zu machen oder ein Buch signiert zu bekommen, dass ich sechs Leibwächter brauche, um vom Ausgang hinter der Bühne sicher ins Auto zu gelangen.

Der Hunger, den sie zeigen, ist in den meisten westlichen Ländern heutzutage nicht vorhanden. Bieten Sie ein Erfolgsseminar in London an und Sie werden hören: „Schade, dass es in der Nähe des Flughafens Heathrow ist. Dort ist einfach zu viel Verkehr. Geben Sie mir Bescheid, wenn Sie eines beim Flughafen Gatwick anbieten." Leute in Miami finden, die 20 Meilen nach Fort Lauderdale sind ein zu weiter Fahrweg; Leute in Manhattan gehen nicht in den Stadtteil Queens, und die Brooklyner nehmen nicht die Fähre nach Staten Island.

Verstehen Sie mich nicht falsch: Es ist ein Segen für mich, dass so viele Leute meiner Arbeit im Westen folgen und sie streben leidenschaftlich nach Erfolg und sind bereit, dafür das Nötige zu tun. Doch wenn man Völker als Ganzes betrachtet – diejenigen in den westlichen Staaten im Vergleich zu den früheren Ostblockländern – erkennt man eine große Lücke an Ehrgeiz.

Und sie wird immer breiter...

Die früheren Ostblockländer (und noch mehr ganz Asien) gehen das freie Unternehmertum mit Eifer an, während der Westen langsam träge wird. Zu viele Menschen im Westen betrachten es als selbstverständlich, was die freien Märkte zu bieten haben.

Ein anderer alarmierender Trend im Westen ist der allmähliche aber stetige Zusammenbruch des Bildungssystems. Statt den Kindern das richtige Denken beizubringen – und ja, das ist tatsächlich eine Fähigkeit, die die jungen Menschen erst erwerben müssen – ist das System dazu verkommen, sie nur auf Tests vorzubereiten. Das Einzige, was die Schüler dadurch lernen, ist, dass sie

Sachen auswendig wissen müssen, um über die Runden zu kommen.

Ein Großteil der Lehrpläne, nach denen heutzutage im Westen gelehrt wird, ist in der realen Welt nicht mehr relevant. Kinder müssen nicht in der Lage sein, aus dem Gedächtnis Fakten und Daten zu rezitieren. Ein achtjähriges Kind mit einem Smartphone (die meisten haben eines) kann solche Informationen innerhalb von Sekunden ausfindig machen. Was Schüler brauchen, ist eine Ausbildung, die ihnen hilft, kritisches Denken zu entwickeln, damit sie gut auf die reale Welt vorbereitet sind, wenn sie aufwachsen.

Zu dem Problem trägt auf höherer Ebene bei, dass das Modell der Universitäten überhaupt nicht mehr zeitgemäß ist. Physikalisch ist das Modell auf Büchern, Klassenzimmern und ausgedehnten Campusgeländen aus Ziegeln und Mörtel aufgebaut, und finanziell beruht es auf der Ausbeutung von Sportlern, der Jagd nach Schenkungen und der Forderung an die Studenten, sich in unerhörte Schulden zu stürzen, um ein anerkanntes Diplom zu erlangen.

Wenn die Universitäten sich weiterhin auf diese Dinge konzentrieren, beschleunigen sie ihre Irrelevanz.

Einen großen Beitrag dazu leistet die Wirtschaft. Universitäten bemühen sich um Schenkungen und hetzen jedem Bargeld nach, dessen größte Quelle die Studenten selbst sind, die ihre Zukunft auf riesige Studiendarlehen setzen. Die heutige Verschuldung des durchschnittlichen Hochschulabsolventen ist irrational. Und immer mehr von ihnen stellen fest, dass die Wette, die sie im Glauben daran eigegangen sind, dass ihnen ihr Diplom einen guten Arbeitsplatz einbringen wird, nicht aufgeht.

Natürlich werden Universitäten in unserer Gesellschaft immer einen Platz haben. Wenn Sie eine abgerundete Ausbildung in Fremdsprachen, Geisteswissenschaften, den Künsten und der Philosophie haben wollen, wird die

Universität wahrscheinlich nach wie vor der beste Ort dafür bleiben. Doch *was* eine Universität sein wird und wie sie als Institution betrieben wird, wird sich drastisch ändern müssen.

Es ist nicht mehr realistisch, die Vorstellung zu vertreten, dass man große Darlehen in der Hoffnung auf zukünftige Einkommen aufnehmen solle, um einen generalisierten Abschluss zu erhalten, von dem man annimmt, dass er zu einem Arbeitsverhältnis führen wird.

Das beschleunigte Tempo der Veränderungen macht es immer schwerer, Hochschullehrpläne relevant zu gestalten. Und zu viele Professoren kennen das, was sie im Vakuum der Akademie lehren, nicht aus eigener Erfahrung in der wirklichen Welt. In sehr naher Zukunft wird ein Diplomand oder Doktor von einer prestigeträchtigen Universität recht traurig neben jemandem aussehen, der ein Zertifikat nach einem soliden sechsmonatigen Online-Training in einem Spezialfach wie Programmieren von Videospielen, Entwurf von mobilen Apps oder Reparatur von Raumschiffmotoren vorweisen kann.

Und was glauben Sie, wie werden kluge Unternehmer wie Mark Cuban, Richard Branson oder Mark Zuckerberg Schulabschlüsse und Stammbäume versus praktischer Erfahrung oder Relevanz beurteilen, wenn sie jemanden für ihre eigenen Gesellschaften einstellen? Nun, das Weblog von Cuban, *Blog Maverick*, gibt Ihnen diesen Einblick:

„Als Arbeitgeber will ich die am besten vorbereiteten und qualifizierten Arbeitnehmer haben. Mir ist es völlig egal, ob die Quelle, aus der sie ihr Wissen bezogen haben, von einer Gruppe alter Männer und Frauen akkreditiert worden ist, die glauben zu wissen, was das Beste für die Welt ist. Ich will Leute, die ihre Arbeit tun können. Ich will die Besten und die Klügsten. Nicht irgendein Stück Papier."

Bildung wird sich genauso entwickeln wie die Welt des Unternehmertums; diejenigen, die anders denken als die Masse, werden großartige Möglichkeiten finden – und bieten. Die High Point University in North Carolina hat ihre Immatrikulationszahlen verdreifacht, weil sie nun wagemutig einige dieser relevanten Themen anpackt: Die Studenten sowohl auf eine Zukunft voller Erfolg als auch Signifikanz vorzubereiten, über die Lehre hinaus eine ganzheitliche Bildung zu vermitteln, einen Lehrplan mit Betonung auf erlebnisbasiertem Lernen zu bieten und den Fokus auf ein wertorientiertes Leben zu richten.

Die HPU hat keine Mühe gescheut, um in einer sich schnell verändernden Welt relevant zu bleiben. Dazu gehörten Dinge wie die Hinzufügung von Hauptfächern wie etwa Interaktives Gaming, den Studenten durch Berufspraktika Erfahrung zu vermitteln, Studienmöglichkeiten in 25 Ländern anzubieten, Erlebnisse außerhalb des Campus an Orten wie den Börsen zu organisieren, um Praxisbezug einzubringen, und Vordenker wie Malcolm Gladwell einzuladen, um zu den Studenten zu sprechen.

Es ist kein Zufall, dass diese Renaissance an der HPU unter der Leitung von Dr. Nido Qubein stattfindet, der 2005 den Vorsitz übernommen hat. Nido kommt aus der wirklichen Geschäftswelt. Er kam 1966 mit $50 in der Tasche in die USA und erlangte außerordentlichen Erfolg als Unternehmer. 1986 half er beim Aufbau einer Bank mit und heute sitzt er im Aufsichtsrat von BB&T, einem der 500 größten Finanzkonzerne der USA mit $175 Milliarden Vermögen und 35.000 Angestellten. Nido ist auch der Vorstandsvorsitzende der Great Harvest Bread Company, einer Bäckerei mit 218 Ladengeschäften, die über die ganzen USA verteilt sind. Er dient auch in den Vorständen der La-Z-Boy Corporation und der Modekette Dots Stores.

Nido hat bei einem Gespräch, das ich mit ihm führte, die Probleme zugegeben, denen das Bildungswesen gegenüber steht; gleichzeitig war er jedoch begeistert zu erzählen, wie High Point diese Herausforderungen anpackt. Er sagte: „Die Anzahl der Institute wird abnehmen und die Nachfrage dürfte tatsächlich sinken. Transformative Akademien wie die HPU werden Erfolg haben, während die transaktionellen, die nur in der Vergangenheit leben, leiden dürften. Die wirkliche Chance für Wachstum liegt darin, die Hochschulausbildung für die große Masse erschwinglich und zugänglich zu machen (also für diejenigen, die diese Ausbildung sonst nicht aufgenommen hätten). Daher florieren jetzt Online-Lehrgänge und ähnliches."

„Den Universitäten der Ivy League wird es trotz alledem gut gehen, die High-Point-Universitäten (von denen es nur sehr wenige gibt – wir sind in mancher Hinsicht geradezu einzigartig) werden wachsen, weil sie wendig sind und auf Neuerungen eingehen, Werte vermitteln und diese Werte auf Weisen interpretieren, die zu produktiven Ergebnissen führen. Auf die kleineren Schulen jedoch, die in einem Ozean der Gleichartigkeit ertrinken, kommen wohl tatsächlich schwere (wenn nicht gar katastrophale) Zeiten zu."

Doch auch vorwärtsgerichtet denkende Institutionen wie High Point werden vieles von dem, was sie tun, neu organisieren müssen. Auf ihrer Website finden sich viele stolze Aussagen über die enorme Zunahme von Gebäuden und Nutzflächen auf dem Campus. Wie diese Arten von Investitionen sich in der digitalen Welt bezahlt machen sollen, bleibt noch abzuwarten. Wir können gewiss mit Sicherheit davon ausgehen, dass mindestens eines jener Gebäude eine Bücherei ist, in der zum Beispiel Wörterbücher aufbewahrt werden. Das Durchschnittskind von heute weiß wohl kaum noch, was ein Wörterbuch überhaupt ist, und es wird auch nie wissen müssen, wie man so etwas nutzt.

Eines wissen wir mit Sicherheit: Um in der neuen Wirtschaft erfolgreich zu sein, werden die Studenten selbst viel mehr Verantwortung für ihre eigene Bildung übernehmen müssen. Sie werden weniger auf Diplome achten müssen, sondern mehr auf praktische Anwendungen.

Länder wie Indien, Japan, Korea und einige andere asiatische Länder konzentrieren sich wieder verstärkt auf Bildung. Sie produzieren Unmengen von Hochschulabsolventen wie vom Fließband, und diese Leute sich hoch geschult auf sehr relevanten Fachgebieten wie etwa Programmieren, Computerspiele, Biotechnologie, Umwelttechnik und Unternehmertum (gelehrt von echten Unternehmern). Die Universitäten im Westen werden mehr so denken müssen wie die High Point, um wieder relevant zu werden.

Eine neue Weltordnung?

Nehmen Sie die Leidenschaft für freies Unternehmertum, das man in den ehemaligen Ostblockändern sieht, fügen Sie die konzentrierte Ausrichtung auf Bildung mancher dieser Länder hinzu, und Sie haben das Potential für eine neue Weltordnung.

Es gibt einige vage Anzeichen dafür, dass der Westen langsam aufwacht – und wir wollen hoffen, dass sich dieser Trend fortsetzen wird. Doch im Moment sind viele der kleinen, sich entwickelnden Länder im Vorteil. Outsourcing wird sich verstärkt fortsetzen – doch statt diesen Schritt zu tun, um billigere Arbeitskräfte zu nutzen, werden die Gesellschaften die Motivation verfolgen, besser ausgebildete und stärker motivierte Mitarbeiter für sich zu gewinnen.

Wohin führt uns das alles gerade jetzt?

Zerstörerische Technologie löscht gerade Millionen von Arbeitsplätzen aus und verlangt drastische Veränderungen bei anderen. Klonen und andere Fortschritte in der Medizintechnik sowie die längere Lebenszeit werden die Dinge noch mehr aufschaukeln. Die unverantwortliche Finanzpolitik der Staatsregierungen, von der wir im letzten Abschnitt gesprochen haben, bedroht die Weltwirtschaft.

Die Macht verschiebt sich vom Westen zu den Schwellenländern und sogar zu Ländern der Dritten Welt. Das Bildungssystem bereitet unsere Kinder nicht darauf vor, in der neuen Wirtschaft Erfolg zu haben. Wie können also Menschen und Unternehmen in der neuen Weltordnung wettbewerbsfähig und relevant bleiben?

Die neue Religion der Ideen ...

Jeder wirkliche Erfolg und Wohlstand entspringt aus der Macht der Gedanken. (Wenn Sie sich für den dahinterstehenden metaphysischen Prozess interessieren, lesen Sie *Prosperity* von Charles Fillmore.) Doch da das Bildungssystem die Orientierung verloren hat, schwindet die Fähigkeit der Menschen zum kritischen Denken immer mehr dahin – und immer weniger haben originelle Ideen.

Das wertvollste, am höchsten geschätzte und meistgefragte Kapital der New Economy werden Ideen *sein.*

Kluge Angestellte werden sich ihren eigenen Ideenbildungsplan zusammenstellen, der eine Mischung aus Problemlösen, lateralem Denken, Logik und Kreativität beinhalten wird. Diese Leute werden zu Ideengebern werden und sich als Freiberufler verdingen. Genauso wie Spitzensportler werden sie unter einer Vielzahl von Angeboten den jeweils lukrativsten langfristigen Deal auswählen können.

Bildung hat immer noch Zukunft – nur nicht in der Form, wie wir sie jetzt kennen.

Da ich selbst keinen Schulabschluss habe, gebe ich zu, dass meine Erfahrung mit formaler Schulbildung recht begrenzt ist. Im Alter von 30 Jahren nahm ich anderthalb Jahre an einigen College-Kursen teil, um mich neuen Herausforderungen zu stellen. Ich war überrascht, wie wenig das College die Leute auf das wirkliche Leben vorbereitet – und es ist geradezu unglaubhaft, dass es anscheinend demselben Modell folgt wie die Grundschulen und Gymnasien: *Es speichert den Menschen ein,* **was** *sie denken sollen, statt sie zu lehren,* **wie** *man denkt.*

Höhere Schulbildung führt immer noch zum Glauben hin, dass es beim Lernen um das Auswendigpauken von Fakten geht – wovon ich persönlich glaube, dass es das unwichtigste Element der Bildung ist. Die allerwichtigsten, für die Bildung in der New Economy relevanten Elemente werden dagegen sein:

- Neugier
- Disziplin
- Urteilsvermögen
- Querdenkerei

Sehen wir uns jeden davon genauer an.

Neugier

Jedem ist wohl klar, dass Neugier für eine gute Bildung wichtig ist. Sie führt zu einer Leidenschaft fürs Lernen. Die intellektuell am höchsten entwickelten Menschen sind die neugierigsten.

Ein Mann namens Einstein sagte einmal: „Ich habe kein besonderes Talent. Ich bin nur leidenschaftlich neugierig." Und er war offenbar ein ziemlich heller Kopf.

Wenn Sie wachsen und sich weiterentwickeln wollen, müssen Sie sich Ihre kindliche Neugier in Bezug auf die Welt um Sie herum bewahren – denn Neugier führt uns zum Wissen hin. Allerdings ist Neugier nur der Anfang. Sie brauchen auch die zweite Eigenschaft, die wir genannt haben...

Disziplin

Zwanglose Neugier zündet den Funken des Lernens und veranlasst Sie dazu, Ideen und Themen zu untersuchen, für die Sie sich interessieren. Aber jedes Lernen, das echte Substanz hat, erfordert Disziplin. Es verlangt von Ihnen, in die Tiefe zu gehen und Gegenstände zu studieren, die zunächst nicht besonders faszinierend erscheinen – die Sie aber wirklich zum Denken anregen.

Ich habe eine CD-Serie über die großen Philosophien der Welt. Ich habe eine weitere über die Grundsätze der Philosophie des Objektivismus. Beide geben mir im wahrsten Sinne des Wortes Kopfschmerzen. Wenn ich sie mir anhöre, muss ich immer wieder Pausen machen und mir Teile nochmals anhören, die CD anhalten und Wörter im Wörterbuch nachschlagen, oder einfach nur eine Verschnaufpause machen und geistig verarbeiten, was ich gehört habe, und im Endeffekt bekomme ich *tatsächlich* oft Kopfschmerzen davon.

Doch es ist jene gute Art von Kopfschmerzen, die davon kommt, dass man sein Gehirn anstrengt und über neue Konzepte nachdenkt, neue Vokabeln lernt und neue Denkprozesse entwickelt. Diese Dinge sind Anzeichen von Wachstum und Erleuchtung. Doch es genügt nicht, sich erleuchtenden Materialien nur auszusetzen. Man muss schon die dritte Eigenschaft von der Liste einbringen, nämlich das....

Urteilsvermögen

Diese Gabe hat heute Seltenheitswert. So viele Menschen haben Probleme mit ihrem Würdigkeitsgefühl und ihrer

Selbstwertschätzung, dass sie verzweifelt nach anderen suchen, die ihnen vorgeben, was sie denken sollen. Das nimmt den Druck weg, selbst Entscheidungen treffen zu müssen, Wahrheit von Lüge zu unterscheiden und tatsächlich selbst zu denken.

Doch Sie müssen in diesem Punkt besser werden...

Wenn Sie neuen Informationen ausgesetzt sind, müssen Sie diese erst mit Hilfe Ihrer Urteilskraft verarbeiten. Es geht dabei um die Fähigkeit, sich eine Meinung zu bilden, indem Sie objektiv die Ihnen vorgesetzten Informationen beurteilen. Diese Fertigkeit ermöglicht es Ihnen, vernünftige Urteile zu fällen.

Dazu wird es nicht kommen, wenn Sie *jeglichen* Informationen, die Ihnen vorgesetzt werden, blinden Glauben schenken. Intelligente Menschen wissen, dass alles, was Ihnen vorgesetzt wird (einschließlich dieses Buches) mit gewissen Vorurteilen behaftet ist. Und das führt uns zu der letzten, sehr wichtigen Eigenschaft des erleuchteten Lernens:

Querdenkerei

Weil manchmal selbst ein gesundes Urteilsvermögen nicht ausreicht. Manchmal muss man die Welt von einem völlig anderen Blickwinkel aus betrachten als der Rest der Herde.

In Wirklichkeit sind die meisten Menschen heutzutage wie Roboter. Sie folgen der Herde durch alle Bewegungen des Lebens. Sie existieren nur – sie leben nicht wirklich. Die meisten Menschen sind nicht glücklich, gesund und erfolgreich. Also warum sollten Sie ihnen nacheifern? Das dürfen Sie nicht. Sonst enden Sie genauso wie diese Menschen. Haben Sie also keine Angst davor, sich dem entgegenzusetzen, was offenbar alle anderen tun. Im Gegenteil: Fürchten Sie sich davor, mitzumachen! Es ist nicht nur so, dass in der New Economy Risiko die neue Sicherheit ist, Verquertheit ist auch die neue Normalität.

Das bedeutet, dass der Einzelne in Zukunft persönlich die Verantwortung für seine eigene Ausbildung übernehmen wird. Diese wird wahrscheinlich Elemente des traditionellen Bildungssystems beinhalten, doch sie wird auch zusätzliche Inhalte haben, die eine Mischung aus alternativen, erfahrungsbezogenen und nonkonformistischen Bildungswegen erfordern werden.

Auf Beutefang im Haifischbecken...

Für Unternehmen werden Menschen zur wichtigsten Ressource werden, in die es zu investieren gilt. Viele Unternehmen behaupten zwar, dass sie das heute schon tun – doch das ist bisher nur Augenauswischerei. Diese Investitionen werden tief in die Unternehmenskultur integriert werden müssen.

Für Personalabteilungen wird sich der Fokus zu einer stärkeren Anwerbetätigkeit, mehr Überprüfungen und dem Abschluss der besten Vertragspakete mit Freiberuflern verschieben. Sehr viel mehr Mitarbeiter als heute werden unabhängige Auftragnehmer sein. Doch sie alle wird man umwerben müssen und man wird sie ihrer Leistung entsprechend bezahlen müssen. Ihr Erfolg als Personalchef wird an ihrer Fähigkeit gemessen, die besten Freiberufler für sich zu gewinnen.

Ich glaube, man wird bei immer mehr Unternehmen wieder den Trend erleben, dass sie ihre Angestellten ermutigen werden, sich weiterzubilden, und dass sie sich sogar gern an den Kosten beteiligen werden. Doch genauso wie Sportler einen Teil ihres Antrittsgeldes zurückzahlen müssen, wenn sie den Verein vorzeitig verlassen, sollten sich auch Arbeitnehmer nicht wundern, wenn ihnen ihr Arbeitgeber im Gegenzug für seine Investitionen in die

Fortbildung des Angestellten oder freien Mitarbeiters ein bestimmtes Maß an Leistungen abverlangt.

Bekannte Redner, Trainer und Berater werden eine erhöhte Nachfrage erleben, doch sie werden ihre Dienste auch immer mehr aus der Cloud anbieten.

Ergebnisorientierte Vergütung...

Die Änderungen, von denen wir hier sprechen, werden sowohl Arbeitgebern als auch Arbeitnehmern mehr Verantwortlichkeit auferlegen, und das ist etwas sehr Gutes. Die Zeiten, in denen man sich ducken und still in seiner Arbeitszelle verstecken musste, sind vorüber. Sie werden sehen, dass immer mehr und immer stärker der Schwerpunkt auf erfolgsorientierte Vergütung gelegt werden wird. Angestellte werden Leistungen vorzeigen müssen, und um die leistungsfähigen Mitarbeiter zu halten, werden andererseits die Unternehmen zeigen müssen, dass sie nicht nur Brandrodungsbetriebe führen, um jedes Quartal höhere Dividenden zu generieren.

Die wichtigsten Unternehmen der neuen Ordnung werden nicht aus Branchen wie Produktion, Medizin oder Technik stammen. Die bedeutendsten Unternehmen werden aus dem Bildungs- und Informationswesen kommen – spezifischer gesagt, es werden diejenigen sein, die den Menschen und den Unternehmen helfen werden, die überwältigende Informationsflut zu verarbeiten, der sie ausgesetzt sind.

Die Unternehmen der neuen Ordnung – und die Menschen, die in ihnen arbeiten werden – werden innovativer werden müssen, sie werden sich schneller ändern müssen und sie werden bereit sein müssen, Risiken einzugehen. Sie werden auch viel schlauer werden müssen. Weil sich jetzt alles viel schneller als zuvor verändert, reicht es nicht mehr aus, nur wendig zu sein. Wie wir im

1. Akt besprochen haben, wird es nicht ausreichen, nur zu reagieren. Man wird die Trends vorhersehen und ihnen vorauseilen müssen; man muss zu den ersten gehören, die sich auf sie einstellen.

Kreativität wird den höchsten Stellenwert haben und hinter dieser Kreativität werden Ideen stehen. Jene Ideen werden es sein, die Ihnen in einer sich schnell verändernden Welt den Genuss des Erfolgs bringen werden. Im nächsten Akt erkunden wir eine Strategie, die noch nicht einmal auf Wirtschaftsschulen gelehrt wird – wie man sich schnell bewegt und Dinge kaputtmacht!

3. Akt:
Schnell bewegen und Schaden verursachen

Das obige Zitat war das tägliche Mantra von Mark Zuckerberg und dem Facebook-Clan, als sie ihre bescheidene Networking-Website für College-Schüler zum größten Konglomerat in der Welt der sozialen Medien aufbauten.

Dinge kaputt zu machen mag riskant sein, aber wer im neuen Raum auf Sicherheit baut, wird mit ziemlicher Gewissheit als Verlierer hervorgehen.

Alles ist auf den Kopf gestellt. All die Entwicklungen, die wir bisher besprochen haben, definieren nicht nur neu, was Erfolg ist, sondern auch, wie man ihn erreicht. Leute, die an der Vergangenheit haften, werden zurückbleiben. Doch Leute, die bereit sind, sich schnell zu bewegen und Dinge kaputt zu machen, werden nie zuvor dagewesene Höhen des Erfolgs erreichen.

Hier ist ein kleiner, aber bewusstseinsverändernder Querschnitt von Herausforderungen, die von manchen als Probleme betrachtet werden, von anderen jedoch als riesige Chancen:

Die neue Realität des Marketing

Wir leben heute in einem Zeitalter der Überlastung. Das menschliche Gehirn musste nie zuvor so viele Informationen verarbeiten wie heute verlangt wird. Der Durchschnittsmensch wird rund um die Uhr von einer Flut von ablenkenden Stimuli bedängt. Infolgedessen ist seine Aufmerksamkeitsspanne kürzer und seine Abwehrkraft ist stärker geworden. Unternehmer müssen neue Wege finden, wie sie ihr Publikum erreichen wollen – und bisher leisten sie da nur ganz miserable Arbeit.

Es ist eine gängige Meinung, dass Postwurfsendungen dem Tod geweiht sind. Doch wenn ich für meine Wohlstands-Seminare Werbung mache, bekomme ich sehr gute Reaktionen aus Postwurfkampagnen. Warum? Weil alle anderen Seminaranbieter glauben, dass jenes Medium tot ist, und es deshalb nicht nutzen. Sie klopfen sich selbst lobend auf die Schultern und freuen sich über das Geld, das sie einsparen, indem sie Druck- und Versandkosten aus ihrem Budget gestrichen haben.

Das ist wieder ein Beispiel dafür, dass man nach rechts rennen sollte, wenn alle anderen nach links rennen.

Doch man muss trotzdem vernünftig sein. Sehen wir uns die andere Seite der Medaille an:

Ich habe meine Eigentumswohnung in Miami Beach von einem Arzt gekauft. Das war vor über sechs Jahren, und jede Woche bekomme ich mindestens eine oder manchmal auch mehrere Massenwerbesendungen in den Briefkasten gesteckt, in denen Werbung für irgendeine Ärztekonferenz, ein medizinisches Gerät oder ein Medikament gemacht wird.

Man möchte denken, es gehöre zum Grundwissen im Marketing, dass man seine Adressenlisten mit Hilfe der Postämter und deren Anschriftenänderungsaufzeichnungen in regelmäßigen Abständen aktualisieren sollte. (Im Durchschnitt ziehen jeden Monat 2 Prozent der Leute auf solchen Listen um oder sterben.) Doch es gibt mindestens 50 Werbefachleute im medizinischen Bereich, die das in sechs Jahren *nicht ein einziges Mal* getan haben.

Statistisch gesehen dürfte mittlerweile jede einzelne Person auf ihren Listen umgezogen oder gestorben sein – und eine von fünf ist mittlerweile sogar zweimal umgezogen oder gestorben!

Diese Werbefachleute lamentieren wahrscheinlich über ihre abnehmenden Antwortquoten und sehen diese als Beweis dafür an, dass Werbesendungen einfach nichts mehr bringen. Aber Werbesendungen funktionieren nach wie vor prima – nur nicht auf dieselbe Weise wie vor 20 Jahren.

Die Chefs dieser Unternehmen lassen sich wahrscheinlich von Werbefirmen beraten, die ihnen sagen, das Unternehmen solle sich all das Geld sparen und sich lieber eine Datenbank mit E-Mail-Adressen aufbauen. Doch da gibt es ein Problem: E-Mail ist nämlich ein weiteres Medium, das abnehmende Antwortquoten verzeichnet – es ist ein Medium, das entweder aussterben wird oder radikal umgestaltet werden muss.

Eine wachsende Anzahl von Menschen verlegt sich von E-Mail auf das Texten, und dieser Trend wird sich wahrscheinlich fortsetzen. Dazu kommt das exponentielle Wachstum der sozialen Medien und Micro-Bloggen. Meine Nichten und Neffen schicken mir schon seit Jahren keine E-Mails mehr. Aber ich höre laufend von ihnen über Facebook-Mitteilungen. Fünf bis sechs Jahre alte Kinder verwenden heutzutage iPads, um einander anzurufen, sie nutzen Apps wie Facetime mit kleineren Bildschirmen innerhalb der größeren. Sie denken, dass E-Mail etwas Altmodisches ist – wenn sie überhaupt jemals davon gehört haben.

Die Unterbrechungsmarketer der alten Schule tun immer verrücktere und waghalsigere Dinge, um aus dem Werbemüll hervorzustechen. Vieles davon ist einfach nur dumm und erregt zwar Aufmerksamkeit – aber auf die falsche Weise und bei den falschen Leuten.

Die gleichen Werbefritzen bestürmen jetzt die sozialen Medien, weil sie diese einfach als weitere Plattformen betrachten, über die sie den Leuten ihre Neuigkeiten aufhalsen können. Sie verstehen die Nuancen der einzelnen Sites nicht, machen sich nicht die geringste Mühe, genauer hinzusehen oder hinzuhören, und erkennen daher nicht die wahren Möglichkeiten einer Beteiligung und Einflussnahme, die solche Sites bieten. (Um das besser zu verstehen, lesen Sie das Buch <u>Unmarketing</u> von Scott Stratten.)

Leider kann man heutzutage kaum einen Schritt aus dem Haus gehen, ohne auf mindestens fünf Leute zu treffen, die sich als „Experten für soziale Medien" ausgeben. Sie schießen wie Pilze aus dem Boden. Sie glauben, wenn sie auf Twitter pro Tag 2000 per Zufallstreffer ausgewählten Leuten folgen, um zu sehen, wer ihnen im Gegenzug auch folgen wird, oder wenn sie wissen, wie man eine Facebook-Fanseite einrichtet, werden sie dadurch zu einem Guru auf diesem Gebiet. Doch die meisten von ihnen geben miserable Ratschläge, die nur die häufigsten Fehler unterstützen, die Leute im allgemeinen machen. Und obwohl es keine schlechte Sache ist, jemandem einen Gutschein oder eine Prämie zu geben, wenn er bei Ihrer Facebook-Seite auf „Gefällt mir" klickt, so müssen Sie doch auch irgendeinen Plan aufstellen, was Sie danach tun wollen.

Soziale Medien verändern alles. Allerdings ist das nicht nur ein weiterer Kanal, den Sie nutzen können, um Ihre Neuigkeiten anderen Leuten zuzuschreien.

Soziale Medien haben drastisch die Art und Weise verändert, wie Kunden Sie finden, Sie prüfen und von Ihnen kaufen, ebenso wie die Art und Weise, wie Sie selbst etwas finden, prüfen und kaufen. Sie eliminieren die Notwendigkeit von Zwischenhändlern (und damit – die Notwendigkeit von vielen Arbeitsplätzen), es macht die Kontrolle einer Marke oder eines Bildes viel problematischer, und es kann die Preise drücken. Auf der anderen Seite haben soziale Medien aber auch viel Gutes an sich. Sie ermöglichen es Ihnen, sich direkt mit Ihrer Sippschaft zu verbinden, Ihre Marke in Echtzeit zu verfolgen, und sie alarmieren Sie sofort über Probleme auf dem Markt. Was sie aber *wirklich* völlig verändern, ist die Markenwerbung.

Die ganze Wahrheit über Markenwerbung…

Der unerschütterliche Querdenker Joe Calloway hat einen brillanten Vorschlag zur Markenwerbung. Statt sich abzumühen, in Ihrer Kategorie führend zu werden, rät er dazu, eine neue Kategorie zu erschaffen und der Einzige darin zu sein. Sein sehr lesenswertes Buch *Becoming a Category of One* bietet eine zum Denken provozierende Anschauung zur Positionierung im Umfeld der Konkurrenz.

Durch das Minenfeld der Markenwerbung und Positionierung zu navigieren war noch nie ein leichtes Unterfangen. Nun werden die Dinge noch komplexer. Schon in der Vergangenheit konnte man nie wirklich die Entwicklung seiner Marke „lenken", doch man konnte es wenigstens versuchen. Die sozialen Medien haben das praktisch unmöglich gemacht. Der Unterschied liegt insbesondere darin, dass Sie jetzt wirklich wissen, was Ihre Marke auf dem Markt repräsentiert und wann Sie etwas reparieren müssen. (Pflichtlektüre zu diesem Thema: *Building Brand Value* von Bruce Turkel.)

Ihre Marke ist nicht Ihr Logo oder Ihre Stammfarbe und es ist auch nicht wirklich Ihr Produkt oder Ihre Dienstleistung. Ihre Marke ist die *Widerspiegelung* Ihres Produkts oder Ihrer Dienstleistung. Es geht darum, wie der Markt Sie empfindet. Und diese Empfindung entsteht durch die *Erfahrung* des Kunden mit Ihrem Produkt oder Ihrer Dienstleistung. Das Internet ermöglicht es den Leuten, ihre Erfahrungen leichter auszutauschen und das hat Auswirkungen auf die Markenwerbung in großen Stil.

Und die sozialen Medien haben Markenwerbung wirklich interessant gemacht…

Oberflächlich gesehen ist Ihre Marke das, wie der Markt Sie empfindet. Auf einer tieferen Ebene steht sie für das, *was Sie nach Meinung des Marktes für ihn tun können*. Doch auf der ganz ultimativen Ebene – und nun bewegen wir uns in der dünnen Luft von Marken wie Apple, Cirque du Soleil, Starbucks und Nike – ist Ihre Marke *das ganz persönliche Gefühl, das Sie dem Kunden geben*.

Haben Sie den 180 kg-Typen auf der Rolltreppe gesehen? Ihm würde selbst bei einem Schachturnier die Puste ausgehen. Doch seiner eigenen Meinung nach ist er ein Elitesportler, weil er ein Sweatshirt mit der Aufschrift trägt: „Just Do It!"

Ich bin ein kahlköpfiger, weißhäutiger Mann mittleren Alters. Aber ich nutze einen Mac-Computer. Und wenn ich in jenen Apple-Laden gehe und all diese Kids mit ihren Skateboards dort treffe und die Leute mit ihren niedlichen Hunden und die krassen Typen von der Genie-Riege – dann fühle ich mich cool!

Dasselbe gilt für die Leute, die man bei Starbucks in der Schlange stehen sieht und die auf ihre halb koffeinfreien, mit Doppel-Mokka aufgeschäumten, Karamell-Frappuccinos warten, oder für diejenigen, die in Apple-Superläden stöbern, oder diejenigen, die von einer Aufführung des Cirque du Soleil hingerissen sind.

Sie sind leidenschaftliche Advokaten des Produkts, das sie kaufen – sie *erleben* es im wahrsten Sinne des Wortes. Sie glauben an das, was sie kaufen und wollen jeden, den sie kennen, an ihrem Erlebnis teilhaben lassen. Sie verwandeln sich von Kunden zu Marketing-Teams, die effektivere Arbeit leisten als man für alles Geld der Welt kaufen kann. Das ist der Inbegriff dessen, was Seth Godin in seinem brillanten Buch *Tribes* (auf Deutsch: Sippschaften) beschreibt.

Wenn Ihre Marke eine Sippschaft inspiriert, können Sie dadurch reich werden. Und nichts inspiriert eine Sippschaft

Eine Rockoper in vier Akten

mehr, als wenn die Menschen ein bestimmtes, ganz persönliches Gefühl verspüren. Nike gibt jedem das Gefühl, ein Elitesportler zu sein, Starbucks gewährt Ihnen Eintritt ins Klubhaus, Apple lässt Sie eines jener coolen Kids sein, und der Cirque du Soleil entführt Sie in eine Zauberwelt.

Chrysler tat es auf brillante Weise mit der Marke Viper. (In der Tat wurde die Marke so erfolgreich, dass Chrysler sie als selbstständige Firma verkaufen wollte, als das Unternehmen vor dem Konkurs stand.) Das Unternehmen gründete und leitet einen weltweiten Viper-Klub mit Ortsvereinen, hostet eine Website und gibt eine elektronische Zeitschrift heraus, postet Videos und druckt ein Hochglanzmagazin. Der Teil der Website, der „nur für Mitglieder" zugänglich ist, beinhaltet Blogs und Foren, wo die Sippschaftsmitglieder sich verbünden und ihre glühende Leidenschaft für die Marke bestärken. Alle ein bis zwei Jahre veranstaltet Chrysler die „Viper Owners Invitationals", was praktisch ein Treffen für uns amerikanische Fans ist, uns von enormen Motoren angetanen und von Testosteron gesteuerten Liebhabern halsbrecherischer Geschwindigkeiten.

Schauen Sie einmal bei einer solchen Veranstaltung herein und sehen Sie sich an, wie viele Schlüsselanhänger, Jacken, Miniaturmodelle und andere Fanartikel die Teilnehmer kaufen. Gehen Sie nach der Vorstellung des Cirque an den Verkaufsstand in der Eingangshalle und sehen Sie zu, wie schnell sich die Leute die $125-T-Shirts schnappen. Als Mitglied dieser beiden Sippschaften kann ich die Nachwirkung solcher Veranstaltungen bestätigen.

Ich habe selbst eine ganze Sammlung von Viper-Kappen, Rennjacken, Polo-Shirts, Bodenmatten, Schalthebelknäufen, Miniaturmodellen, Postern, Uhren und Büchern. Ich kann sogar meinen Dr. Pepper (eine weitere Sippschaft, der ich angehöre) aus meinen Viper-Kaffeebechern oder gravierten

Viper-Gläsern trinken, die auf meinen gravierten Viper-Loge-Untersetzern stehen. (Nein, ich scherze nicht.)

Zusätzlich dazu könnte ich ein kleines Ladengeschäft mit meinen Cirque-Kleidungsstücken ausstatten, und ich habe von jeder Vorführung, die ich je gesehen habe, das Programm, die CD und die DVD.

Wir alle kaufen solche Dinge, weil wir ein kleines Stück der Show mit nach Hause nehmen möchten, um das Gefühl in uns wach zu halten, das wir bei der Veranstaltung hatten. Darum ging es schon immer bei wirklicher Markentreue. Die neuen Technologien und die sozialen Medien machen das alles bloß einfacher (oder schwerer, wenn man etwas nicht bekommen kann) und sie lassen es schneller geschehen.

Und wo wir von Sippschaften, Markentreue und der Nutzung von Technologien zur Vereinfachung des Prozesses sprechen – und da ich dieses Buch in Key West, Florida, schreibe – wäre es ein Versäumnis, wenn ich keine Fallstudie zu einem der glühendsten Verfechter dieser Dinge anstellen würde: dem Sänger Jimmy Buffet.

Ich besitze eine Mitgliedskarte der „Parrot Head"-Sippschaft (um es für die Unwissenden zu erläutern, das sind die Jimmy-Buffet-Fans). Gestern Abend saß ich also in Jimmys Margaritaville Café in der Duval Street und gönnte mir dort einen Cheeseburger. Buffet leistet so tolle Arbeit als Anführer seiner Sippe und nutzt die Macht der Technologie so gut, dass er einen Kurs an jeder Wirtschaftsschule leiten sollte. Er versucht nicht, die Welt zu retten, doch er hat es geschafft, eine Bewegung ins Leben zu rufen, durch die diese Welt für uns alle schöner wird. Seine Sippschaft liebt den Spaß, die Musik und die Großzügigkeit.

Bevor andere anfingen CD-ROMs zu machen, tat Jimmy schon für computerkundige Parrot-Fans eine auf die Rückseite seiner eigenen CD.

Eine Rockoper in vier Akten

Obwohl viele seiner Lieder in die Hitparaden gekommen sind, hört man so gut wie nie ein neues Buffet-Lied im Radio. Das ist so, weil seine Musik sich keiner Kategorie zuordnen lässt –ist es Country, ist es Reggae, ist es Jazz, ist es Pop – die Sendeleiter wissen einfach nicht, was sie damit anfangen sollen. Genauso wie viele Leute in der Wirtschaft tun sie einfach das, was auch alle anderen tun. Sie spielen die alten Hits immer wieder und wissen nicht, was sie mit der neuen Musik anfangen sollen – trotz der Millionen von Fans, die wahnsinnig gern Jimmys Stimme aus dem Radio hören würden.

Also hat Jimmy den traditionellen Vertriebsweg über Radiosendegesellschaften übersprungen und hat seine Bewegung selbst direkt zum Volk gebracht. Er hat sich sein eigenes Studio eingerichtet und hat sein eigenes Label geschaffen. Jahr für Jahr geht er mit seiner „Coral Reefer Band" auf Tour rund um die Welt und überall sind seine Aufführungen ausverkauft, und das ohne die normale Werbung. Er schreibt Bücher, die Bestseller geworden sind und gibt ein Album nach dem anderen heraus, eine DVD nach der anderen, und die Fans kaufen sie wie verrückt.

Jimmy hat auch das Internet eingespannt, lange bevor der Rest der Musikbranche auf die Idee kam. Er hat 1998 seine eigene Internet-Station geschaffen, Radio Margaritaville. Im Jahr 2005 wurde dies die erste Internet-Station, die auf einen etablierten Massensender übertragen wurde; sie wurde zu einem Kanal auf Sirius Satellite Radio. (Auch verfügbar auf iTunes.) Diese Station spielt eine lockere Mischung von Strandmusik, Reggae und natürlich eine ständige Zufuhr von Jimmys Hits.

Lange bevor die restliche Musikwelt draufkam, streamte Jimmy bereits all seine Konzerte kostenlos über Radio Margaritaville. (Dennoch würde ein Parrot Head NIEMALS darauf verzichten, sich ein Album von Buffet zu kaufen.)

Und statt die Gästezahlen bei Konzerten in Mitleidenschaft zu ziehen, zogen diese kostenlosen Internet-Angebote sogar *noch mehr* Leute zu den Live-Shows an. Jede Veranstaltung ist vollgepackt mit der Sippschaft der treuen, anfeuernden Fans, und sie bringen Papageienköpfe, Flossen, Grasröcke und andere Zubehörteile mit, die mit ihren liebsten Buffet-Liedern in Verbindung stehen.

Vor jedem Konzert gibt Jimmy eine Live „Parkplatz-Party" auf Radio Margaritaville und spricht über den Veranstaltungsort, die Reihenfolge der Lieder, eventuelle Gaststars und erzählt ein paar Anekdoten. Das ist wohl das beste Beispiel, wie man soziale Medien und Technologien nutzen kann, um sich mit seiner Sippschaft zu unterhalten, das sich finden lässt.

Jimmy hat es begriffen. Es geht nicht darum, CDs oder Eintrittskarten für Konzerte zu verkaufen; es geht darum, ein Erlebnis zu schaffen. Doch das Wichtigste dabei ist: Bei jenem Erlebnis geht es eigentlich nicht um *ihn*. Es geht darum, welches Gefühl er seinen Fans gibt. (Sie fühlen sich rebellisch, ein bisschen schlimm und wieder jung.) Und das ist die ultimative Markenwerbung.

Gedankeneinheiten durchs Internet verbreiten...

Eine Marke ist im Grunde nichts anderes als eine Sammlung von Gedankeneinheiten alias Geistesviren. Und nichts verbreitet Gedankeneinheiten schneller als das Internet. Wenn Nike eine YouTube-Sensation ins Leben ruft wie etwa sein „Write the Future..." oder wenn es geschieht, dass sich Millionen von Menschen ein Video ansehen, wie unlängst das, auf dem Steve Jobs ein neues Produkt vorgestellt hat, oder immer dann, wenn jemand etwas tweetet oder eine Kritik oder Meinung auf einer Website postet, seinen Facebook-Status aktualisiert oder etwas über sein neues iPad pint – jedes Mal fliegen Gedankeneinheiten durch den Äther und es findet Markenwerbung statt.

Ältere, etablierte Gesellschaften lamentieren darüber, dass sie ihre Markenwerbung nicht mehr kontrollieren können. Kleinunternehmer werden feststellen, dass das etwas Gutes ist. Denn obgleich man seine Marke nicht mehr kontrollieren kann, so kann man die Entwicklung doch in Echtzeit mitverfolgen und zusehen, wie sich die Marke gerade auf dem Markt bewährt. Man wird sich eventueller Probleme im selben Augenblick bewusst, in dem sie auftreten, man kann Leuten bei Schwierigkeiten helfen, Korrekturen hinzufügen und Kunden, die man ansonsten vielleicht verloren hätte, in glühende Fans verwandeln.

Sehen wir uns anhand einiger Beispiele an, wie sich das in der realen Welt abspielt:

Einmal kaufte ich in letzter Minute Weihnachtsgeschenke von einem Einzelhandelsgeschäft namens Hammacher Schlemmer, weil man dort Lieferung bis spätestens zum 24. Dezember garantierte. Stellen Sie sich meinen Verdruss vor, als ich am ersten Weihnachtsfeiertag meine Nichten und Neffen anrief und feststellen musste, dass sie nichts erhalten hatten. Meiner Natur gemäß schrieb ich einen Newsletter-Artikel mit dem Titel: *Hammacher Schlemmer – Der Grinch, der Weihnachten gestohlen hat.*

Einige Tage später erhielt ich einen Anruf vom Vorstandsvorsitzenden von Hammacher Schlemmer. Zuerst entschuldigte er sich überschwänglich für die Verwechslung und, statt nach Ausflüchten zu suchen, erklärte er mir, wie es zu dem Fehler gekommen war. Er bat mich auch um meine Erlaubnis, ob er meinen Newsletter nachdrucken und ihn an jeden HS-Kundendienstberater der Gesellschaft schicken dürfe, denn er wolle ihn zur Pflichtlektüre für alle neu eingestellten Arbeitskräfte machen. Oh, und eine Woche später bekamen die Kinder ihre Geschenke – und sie waren für mich kostenfrei. Ich verwandelte mich von jemandem, der ansonsten nie wieder bei diesem Geschäft bestellt hätte, zu jemandem, der dort seither tausende von Dollar ausgegeben hat.

Als ich einmal eine Rede in Valencia in Spanien gab, tweetete ich darüber, wie wunderschön die Stadt und ihre Architektur waren. Fünf Minuten später erhielt ich eine Nachricht vom Fremdenverkehrs- und Veranstaltungsamt von Valencia, mit der man mich in der Stadt willkommen hieß und mir eine Link zu einer Website mit all den örtlichen Sehenswürdigkeiten zusandte. Sie mögen sich fragen, wie mich das Amt rückverfolgt hat, aber das ist ziemlich einfach. Man besorgt sich nur eine Anwendung wie Tweet Deck und lässt dort eine Spalte für bestimmte Stichworte offen. Doch kaum jemand tut es!

Eines Tages ließ ich mich in meinem Blog darüber aus, dass das Ritz Carlton in Singapur mir nicht die übliche Suite gegeben hatte, um die ich gebeten hatte, und dass es in dem Zimmer, das man mir stattdessen gegeben hatte, nicht einmal Kleiderbügel für meinen Anzug gab. Dreißig Minuten, nachdem ich das gepostet hatte, erhielt ich eine verzweifelte E-Mail-Nachricht vom Vizepräsidenten des Ritz, dass er das in Ordnung bringen würde. Es stellte sich heraus, dass seine Mutter meinen Blog liest, und sie war gar nicht glücklich über den Vorfall!

Solche Beispiele verdeutlichen, wie organisch Marken wirklich sind und wie das Internet und die sozialen Medien sie innerhalb von wenigen Momenten beeinflussen können. Sie zeigen auch, wie man eine unangenehme Situation ganz schnell wenden kann.

Doch da gibt es auch Negativbeispiele...

Ich kann gar nicht mehr zählen, wie oft ich über mürrische Bedienung, schmutzige Flugzeuge oder verspätete Ankünfte der American Airlines getweetet habe.

Die Fluglinie hat kein einziges Mal darauf geantwortet – wahrscheinlich bekommt sie so viele Beschwerden, dass sie sie auch nicht mehr zählen kann. Natürlich bekomme ich stattdessen eine Menge Antworten von anderen frustrierten Elitefliegern über ihre Vielfliegerprogramme und viele Nachrichten von treuen Kunden der Southwest Airlines, die mich überreden wollen umzusteigen. (Und ich finde dich ganz toll, Herb Kelleher – doch das wird nicht geschehen, solange ihr keine erste Klasse hinzufügt!) Wenn Sie sich darüber unterhalten wollen, brauchen Sie nur zu den Foren unter Insideflyer.com zu gehen oder nach einer der anderen Sites in den sozialen Medien suchen, und Sie werden erfahren, worüber sich hunderte andere verärgerte Kunden der American Airlines beschweren. Einige Leute von der Vorstandebene könnten da sicher etwas tun – *wenn* es sie kümmern würde. **HINWEIS**: Nun, da die Fluglinie Konkurs angemeldet hat, beginnt sie, auf Tweets zu antworten. Jetzt ist es natürlich etwas spät dafür.

Ich bin sicher nicht der einzige Reisende, der sich mit sozialen Medien auskennt und seinem Ärger im Cyberspace Luft macht. Hier ist ein Beispiel vom Blogger Aaron Strout, das ein etwas glücklicheres Ende genommen hat:

Graphik einfügen [Gage_01.bmp]

Wenn ich heute eine Fluglinie leiten würde, würde ich einen hoch qualifizierten Kundendienstfachmann einstellen, dessen einzige Aufgabe darin bestünde, das Twitter-Konto, den Blog und die Facebook-Seite der Gesellschaft zu managen (die allesamt einheitlich mit dem Namen der Gesellschaft, Bildern, Titeln und dem Firmenlogo versehen wären), und der die Feeds jedes einzelnen Mitglieds der Elite-Klasse ihres Vielfliegerprogramms abonnieren würde. Es geht dabei durchgehend um öffentlich zugängliche Informationen; man muss nur ein wenig danach suchen.

Und dawir über unerschlossene Gelegenheiten sprechen, ist Ihnen klar, zu was für einer tragischen Katastrophe sich der Alltagsbetrieb der Fluglinien entwickelt hat? Die Flugzeugsitze wurden entworfen, als Menschen im Durchschnitt 150 cm groß waren. Heute wachsen viele Teenager über 180 cm hinaus und mehr als die Hälfte der Bevölkerung ist übergewichtig und manchmal sehr übergewichtig. Doch die Fluggesellschaften zwängen noch mehr kleine Sitze in vollgestopfte, schäbige Kabinen.

Sie berechnen Ihnen eine Gebühr dafür, dass Sie eine Reservierung tätigen, Ihren Koffer aufgeben und Ihren Sitz auswählen, und ich wette, wenn sie dürften, würden sie am liebsten noch etwas dafür draufschlagen, dass Sie die Toilette benutzen.

Stellen Sie sich nur vor, welche Möglichkeiten für eine Fluglinie bestehen, die wieder Komfort und den Glanz in Flugreisen zurückbringt. (Obwohl, um fair zu sein, gestern bin ich ausgerechnet mit der Aeroflot geflogen, und die Passagiere wurden von drei Flugbegleiterinnen begrüßt, die ihnen Zeitungen und Zeitschriften anboten – und Hüte, weiße Handschuhe und Stöckelschuhe trugen! Das erinnerte mich an die glücklichen Zeiten von Pan Am.)

Jeder konzentriert sich auf die Gewinnung von Neukunden, obwohl das große Geld in der Pflege der bestehenden Kunden steckt – und soziale Medien können den Unternehmen auf vielfache und wunderbare Weisen dabei helfen. Man kann sich mit seiner Sippschaft, sprich Kundschaft, unterhalten, die Beziehungen vertiefen und eine Verbundenheit herstellen wie es nie zuvor möglich war.

Genauso wie Jimmy Buffet sich mit seinen Fans einen Markennamen schuf, nutzen junge Produzenten von elektronischer Musik wie Skrillex und DeadMau5 (ausgesprochen als „dead mouse", aber wenn Sie cool sind, wissen Sie das schon) die Technologie, um genau dasselbe zu erreichen.

Sie posten kostenlose Audio- und Video-Downloads, beteiligen sich an sozialen Medien und gestreamten Webcasts, um sich mit einer wachsenden Schar von Fans zu verbinden. Diese Typen haben ausverkaufte Stadien, in denen sie vor rasenden Fans ihre Techno-Shows aufführen. Sie bieten ihren treuen Anhängern Vorveröffentlichungen an und nutzen die Technologie der sozialen Medien ganz hervorragend. Die Aufführungen von DeadMau5 wurden schon 2009 aufgenommen und sofort nach den Konzerten auf Armbändern mit USB-Sticks zum Verkauf angeboten.

Alle diese Technologien bieten kleinen, schnell handelnden Unternehmern die Gelegenheit, große Konkurrenten zu überrunden. Gerade jetzt haben die meisten Großunternehmen keine Ahnung von sozialen Medien oder mobilen Endgeräten. („Janet, besorgen Sie uns doch bitte eines von jenen QR-Code-Dingern.")

Sie betrachten beide als ein notwendiges Übel, mit dem sie sich herumschlagen müssen, weil jeder sich damit beschäftigt. Oder was noch schlimmer ist, sie betrachten sie als zusätzliche Kanäle, über die sie ihre Pressemitteilungen aussenden können. Ihre PR-Abteilungen haben ein Twitter-Konto für den Vorstandsvorsitzenden oder den Hauptgeschäftsführer eingerichtet und dann tweetet dort irgendein ahnungsloser Angestellter in ihrem Namen. Oder sie richten ein Firmenkonto ein und veröffentlichen dort ihre üblichen Pressemitteilungen und Sonderverkaufsangebote. Keiner überwacht den Feed, hört zu oder tritt mit anderen in Kontakt.

Die perfekte Fallstudie eines kleinen Mannes, der es mit den Großen aufnahm und ihnen zeigte, wo es langgeht, ist die Geschichte des Video-Bloggers und Redners Gary

Vaynerchuk und dessen, was er mit Wine Library TV tat. Er nutzte einen täglichen Video-Blog, um einen kleinen familiengeführten Getränkeladen zu einem Online-Einzelhandelsgeschäft auszubauen, das einen Bruttoumsatz von $45 Millionen jährlich macht. Hier sind nur einige wenige der Dinge, die er richtig gemacht hat:
- Er war transparent und echt.
- Er bot wirklichen Gegenwert, statt nur Werbung zu machen.
- Er hörte auf seinen Markt und antwortete ihm.
- Und er arbeitete wirklich hart daran.

Jeder Angestellte oder Unternehmer kann wichtige Lektionen aus dem lernen, was Gary getan hat – und wie er es getan hat. Lesen Sie auf jeden Fall sein Buch *Crush It!*

Soziale Medien ermöglichen es Ihnen, sich von Grund auf eine Nachfrage auf dem Markt zu schaffen. Gary tat dies in der Welt des Einzelhandels mit Wein und ich tat es für mein Geschäft als professioneller Redner und Berater.

Vor etwa fünf Jahren beschloss ich, mir die sozialen Medien wirklich genau anzusehen und kritisch darüber nachzudenken, wie man sie beim Aufbau eines Geschäfts einsetzen könnte. Ich gelangte zu der Schlussfolgerung, dass dies die allerproduktivste Strategie werden würde, die ich auch selbst nutzen konnte.

Der erste Schritt bestand darin, mit meinem Blog unter RandyGage.com aktiv zu werden. Es schien mir, dass die beliebtesten Blogger täglich posteten, also begann ich mit fünf Beiträgen pro Woche. Das ermöglichte es mir, eine großartige Verbindung zu meiner Sippschaft aufzubauen und hat meine Reichweite enorm vergrößert. Heute ist mein Blog im obersten einen Prozent der Welt in Hinsicht auf den Verkehr.

Eine Rockoper in vier Akten

Sie werden jedoch feststellen, dass ich ihn nie dazu nutze, um etwas zum Verkauf anzupreisen, denn ich weiß, das ist nicht das, was meine Leser wollen. (Obwohl zu dem Zeitpunkt, zu dem Sie dies hier lesen werden, wohl alles möglich sein wird, da ich unerbittlich mit diesem Buch hausieren gehen werde!) Aber ganz im Ernst, ich biete dauernd Riesenmengen von kostenlosem Wertgehalt. Wenn ich dann ein neues Buch herausgebe oder ein Seminar halte oder etwas anderes produziere, gebe ich es bekannt, aber auf eine Weise, die ebenfalls einen Wertgehalt bietet. Der Blog bringt eine Menge Besucher zu meiner Website. Wenn ihnen meine Arbeit gefällt, schauen sie sich die ganze Website durch und kaufen am Ende meistens etwas.

Als nächstes begann ich, mich an Sites in den sozialen Medien zu beteiligen. Ich eröffnete ein Twitter-Konto und lernte, wie jene Site funktionierte, während die Anzahl meiner Anhänger weiterhin wuchs. Nach etwa einem Jahr machte ich mich ernsthaft an Facebook heran und begann, ein paar Beiträge pro Tag einzugeben und mich mit den Leuten zu unterhalten.

Es wurde mir bald klar, dass Video ein wahrer Anziehungsmagnet war, also bestand mein nächster Schritt darin, aktiver bei YouTube zu werden. Ich begann, gelegentlich eine Show hineinzustellen und es brachte mir ein wenig Reibung ein. Als ich mir die ernsthaften Mitspieler genauer ansah, stellte ich fest, dass die meisten von ihnen eine Show pro Woche machten. Ich machte es ihnen nach und dann begannen die Dinge wirklich abzuheben. Zurzeit beschäftige ich mich mit Pinterest und Google+. Ich habe ein bisschen zu viele Ecken und Kanten für die Welt der Großunternehmen, daher mache ich nicht viel mit LinkedIn. Doch meine Bekannten aus der Wirtschaft schwören darauf. Eine sehr interessante Möglichkeit ist gerade jetzt Airtime, das ist im Prinzip wie Twitter mit Video. Das wird möglicherweise das nächste große Ding werden, einfach deshalb, weil es mehr auf Videos aufbaut als auf Text.

Ich erreichte den Punkt, an dem ich zwei Stunden pro Tag mit sozialen Medien verbrachte. Die meisten meiner Berufskollegen sagen, sie hätten dafür nicht die Zeit. Doch es war die beste Investition, die ich je gemacht habe. Ich habe so nicht nur starke Beziehungen zu tausenden von Menschen rund um den Globus aufgebaut, die meine Arbeit verfolgen, sondern ich habe jede Menge treuer Fans gewonnen, die mir tatsächlich *mein Geschäft voranbringen*. Ich habe meine Sippschaft gefunden und sie hat mich gefunden. (Dieses Buch ist ein Ergebnis davon, dass meine Fans mich beschworen, es zu schreiben.)

Ich habe seit drei Jahren kein Marketingpaket mehr für meine Auftritte als öffentlicher Redner. Ich habe nie in meinem Leben um einen Auftrag als Berater gebeten. Und ich mache nie Kaltanrufe oder bemühe mich nie um Aufträge. Meine Sippschaft *schafft mir* die Aufträge heran. Meine Fans verlangen einfach von ihren Veranstaltungsplanern, mich als Redner zu ihren Konferenzen einzuladen, oder sie bestehen darauf, dass mich ihr Hauptgeschäftsführer ins Haus holt, um mit der Firma zu arbeiten. Und das ist das Schöne daran, wenn man sich authentisch in den sozialen Medien engagiert: Statt Aufträgen nachzujagen – führen Aktivitäten auf diesen Plattformen dazu, dass Auftraggeber *Ihnen* nachjagen.

Das alles bedeutet, dass es schwerer wird, Ihren Markenwert und Ihren Ruf zu kontrollieren, wenn Sie nicht aktiv die sozialen Medien überwachen und sich an ihnen beteiligen – doch es wird einfacher, wenn Sie es tun. Und letztendlich ist dieses neue Umfeld für jeden besser. Der einzige Weg, um Ihre Marke wirklich zu kontrollieren, ist nun der richtige Weg – indem Sie großartige Produkte oder

Dienstleistungen anbieten, sich mit Ihren Kunden unterhalten und sich kurzfristig um Beschwerden kümmern.

Der richtige Dreh

Es gibt einen Punkt, an dem sich die Gewinner von den Verlierern unterscheiden werden: der **Skalierbarkeit**. Wenn Sie ein Finanzplaner, Redner oder Friseur sind, ist es sehr simpel, Ihre sozialen Medien und Online-Beziehungen zu organisieren. Es ist nicht *einfach*, aber es ist simpel. Wenn Sie jedoch eine Hotelkette haben, Autos produzieren oder ein Filmstudio leiten, ist es weder einfach noch simpel.

Deshalb ist es bei solchen größeren Unternehmen nötig, dass sich die Vorstandsebene mit den sozialen Medien befasst, sowohl online als auch über mobile Geräte. Nicht mit Lippenbekenntnissen und Leitbildern – sondern indem sie diese Medien in ihre Unternehmenskultur einverleiben und jeden Mitarbeiter mit einbeziehen.

Dies bedeutet, die nebulösen Grenzen zwischen persönlichen Mitteilungen versus Unternehmensstandpunkten zu klären, sich zu überlegen, ob unter dem Markennamen geführte Konten besser von Einzelpersonen oder von Firmenabteilungen betreut werden sollen, und ähnliches. Das wird einiges Urteilsvermögen erfordern – und es wird für jedes Unternehmen und jeden Unternehmer anders sein.

Wenn Sie ein Rechtsanwalt oder Finanzplaner sind – oder ein Rechtsanwaltsbüro, eine Steuerberatungsfirma oder eine Finanzplanungsfirma leiten – sind ernste rechtliche Themen zu bedenken, wenn es um Eingaben in soziale Medien geht.

Kein Mensch will einem Twitter-Konto oder einer Facebook-Seite der Marketingabteilung von ExxonMobil folgen, aber mancher mag Mary von der Marketingabteilung lieb gewinnen. Es ist wahrscheinlich gut und macht die ganze Sache persönlicher, wenn Mary hineinschreibt, dass sie bestimmte Sportler ganz toll findet, aber es ist wahrscheinlich nicht so gut, wenn sie ihre Meinung zur Adoption von Kindern durch gleichgeschlechtliche Paare kommentiert.

Es gibt dafür keine festen Regeln. Wir werden sie in den nächsten Jahren gemeinsam bestimmen. Viele alten Gesellschaften werden von der Bildfläche verschwinden, weil diese neue Herangehensweise an Markenbildung und ans Marketing ihre Durchschnittlichkeit enthüllen wird. Ihre Plätze werden authentische Firmen einnehmen, die soziale Medien für sich nutzen und Transparenz nicht fürchten müssen. Dies wird dem Verbraucher ein viel größeres Maß an Macht verleihen und es wird im Endeffekt zu besseren Unternehmen und besseren Geschäftspraktiken führen.

Der Einzelhandel ist tot ...

Okay, er ist noch nicht ganz tot, doch er wird von Woche zu Woche weniger relevant. Und das überrascht wohl keinen, da sich doch das Geschäftsmodell des Einzelhandels seit mindestens zweihundert Jahren kaum verändert hat.

Waren wurden früher in England hergestellt und mit Schiffen in die Neue Welt gebracht. Sie kamen in Häfen wie Boston und New York an und wurden dann mit Postkutschen durchs ganze Land zu den Gemischtwarenläden transportiert, wo die Verbraucher hinkamen und sie kauften. Schiffe verwandelten sich dann in Flugzeuge, Postkutschen in Züge und Sattelzüge mit 18 Rädern, und Gemischtwarenläden verwandelten sich in Kaufhäuser und Einkaufszentren, doch das Geschäftsmodell ist gleich geblieben. Man könnte sogar behaupten, dass es schwerfälliger geworden ist, da ganze Ebenen von Regal- und Warengroßhändlern eingeschaltet wurden und Lagerhaltung in den Prozess eingeführt wurde.

Die endlose Parade von Einzelhändlern, die Konkurs anmelden, dürfte eigentlich niemanden überraschen. Welche andere Branche versucht denn sonst noch, im Jahr 2012 dasselbe Geschäftsmodell wie im Jahr 1776 zu nutzen?

Es gibt zwei Geschäftsmodelle, die eine große Bedrohung für den Einzelhandel darstellen: Das eine mag manche überraschen und wird von den meisten missverstanden, das andere werden manche erraten und es wird auch von den meisten missverstanden.

Das erste ist Multi-Level- oder Network Marketing, und das andere ist der Einzelhandel per Internet. Sehen wir mal, was die Zukunft wohl für beide bereithält.

Network Marketing (oft auch MLM genannt, was für Multi-Level-Marketing steht), wie wir es heute kennen, begann in der Praxis im Jahr 1956, als Dr. Forest Shaklee mit der Shaklee Corporation begann und zwei Jugendfreunde, Jay Van Andel und Richard DeVos, das Unternehmen gründeten, das sich später zur Amway Corporation wandelte. Seither sind Network Marketing und seine Schwesternsparte, der Direktverkauf, ständig in der Akzeptanz und in den Umsatzzahlen gestiegen. Das Geschäft hat die Pyramidensysteme, Kettenbriefe und Geldspiele der siebziger und achtziger Jahre des vergangenen Jahrhunderts überlebt und hat sich zu einem ernstzunehmenden Wirtschaftsfaktor entwickelt. Eben jetzt bewegen sich MLM-Unternehmen schnell nach vorne und beginnen, Jahresumsätze in der Größenordnung von rund $ 28 Milliarden in den USA und $ 117 Milliarden weltweit zu machen.

Die Skepsis, mit der dieses Geschäft lange betrachtet wurde, hat der Akzeptanz Platz gemacht. Millionen von Menschen sind daran beteiligt, die Massenmedien sind auf die Branche aufmerksam geworden und es gibt jede Menge von bewährten Ergebnissen anzubieten. Der amerikanische Wirtschaftsmagnat Warren Buffet mit seinem Unternehmen Berkshire Hathaway besitzt nun drei Gesellschaften der Branche und er wird zitiert, gesagt zu haben, dass dies Dollar für Dollar die beste Investition war, die er je getätigt habe. Das ist eine ziemlich große Aussage von jemandem, der in weiten Kreisen als der erfolgreichste Investor des zwanzigsten Jahrhunderts betrachtet wird. (Und für diejenigen, die genau aufgepasst haben, ich habe tatsächlich die beiden Buffets im selben Kapitel erwähnt! Und ja, sie sind verwandt: Das Orakel ist der Onkel des Sohnes eines Sohnes eines Seefahrers.)

Neben mir empfehlen auch andere Autoren, die zu den Themen Finanzen und Erfolg schreiben, wie etwa Robert Kiyosaki und David Bach, das Geschäft schon seit Jahren.

Wir sind jetzt drauf und dran, das „goldene Zeitalter" des Network Marketing einzuläuten.

In den nächsten Jahren werden Abermillionen von neuen Vertriebspartnern den Beruf des Network Marketing ergreifen. Und genau so, wie einzelne Unternehmen gerne darauf verweisen, dass sie auf eine exponentielle Wachstumskurve zustreben, bei der die Umsätze fast vertikal ansteigen, ist es wahrscheinlich, dass *der Beruf insgesamt* diesen Wachstumszyklus erleben wird. Es gibt jede Menge Indikatoren und Trends, die darauf hindeuten, dass dies geschehen wird.

Erstens können wir getrost das derzeitige kaputte Modell des Einzelhandels mit all seinen unnötigen Parasiten zwischen dem Hersteller und dem Verbraucher vergessen. Vergleichen Sie das mit dem eleganten Modell des Network Marketing, wo die Gesellschaft, die ein Produkt herstellt, dieses direkt einem Vertriebspartner zusendet. Diese Person ist oft selbst der Endverbraucher und vermarktet das Produkt im lockeren Alltagsgespräch an seine Verwandten,

Eine Rockoper in vier Akten

Nachbarn und Freunde. (Und wenn Sie nicht wissen, wie das läuft, haben Sie in letzter Zeit wohl nicht bei Facebook hereingeschaut!)

Das Geld, das Einzelhändler beim althergebrachten Einzelhandelsmodell für Werbung und überflüssige Vertriebskanäle verschwenden, wird stattdessen für Forschung und Entwicklung ausgegeben, und die Gewinne werden auf diejenigen verteilt, die wirklich die Arbeit tun und Werte bieten.

Network Marketing bietet die ultimative ergebnisbasierte Vergütung, denn es ist ein Geschäft, bei dem die Leute genau so viel bezahlt bekommen, wie ihre Arbeit wert ist.

Der andere große Vorteil von Network Marketing ist der soziale Aspekt. MLM ist wie soziale Medien auf Steroiden, in 3-D und in lebhaften Farben! Jedes Produkt wird mit einer persönlichen Empfehlung vorgestellt, die von jemandem kommt, den Sie kennen und dem Sie vertrauen. Es geschieht bei kleinen Zusammenkünften im häuslichen Kreis, beim Zweiergespräch im Kaffeehaus und durch Freundesnetzwerke auf den Seiten der sozialen Medien.

Dem Network Marketing es zu verdanken, dass viele Gesundheits- und Ernährungsprodukte überhaupt ihren Weg ins Massenbewusstsein gefunden haben. Wären sie nur in den Regalen eines Supermarktes oder eines Reformhauses gestanden, hätte sie niemand gekauft – denn die Menschen mussten zuerst über diese Produkte aufgeklärt werden. Network Marketing ist dazu ideal, und deshalb ist es das perfekte Vertriebsmodell für die New Economy.

Denken Sie nur an die Millionen von Arbeitsplätzen, die durch den technologischen Fortschritt eliminiert werden, und an die Millionen von anderen, für die sich die Leute radikal umschulen müssen, wenn sie ihre Arbeitsplätze behalten wollen.

Ein Kriminalbeamter wurde in der Vergangenheit geschult, indem er sich als Streifenpolizist seine Sporen verdiente. Bald wird verlangt werden, dass er Experte in Biotechnologie und DNA sein muss. Die Beförderung zu einem einfachen Packer-und-Verlader-Job bekommt wahrscheinlich derjenige, der die 200 kg-Kisten schneller hochheben und aufeinander stapeln kann, weil er besser mit dem motorenbetriebenen Exoskelett-Anzug umgehen kann, den er trägt. Eine große Zahl dieser Menschen werden sich wahrscheinlich nach Geschäftsideen umsehen – und die Vorteile, die Network Marketing bietet, werden vielen gefallen.

Denken Sie zudem an die Millionen von Entlassungen, zu denen es kommen wird, weil die Staatsregierungen der Realität ins Auge werden sehen müssen und schwere Entscheidungen werden treffen müssen, um sich auf ausgewogene Budgets hinzubewegen. Einige Länder werden tatsächlich bankrottgehen, andere werden Altersrenten und Sozialhilfeleistungen auf ein Minimum kürzen. Millionen von Menschen werden erkennen, dass sie nicht auf den Staat vertrauen können, soweit es um ihre Zukunft und ihre Altersversorgung geht, und viele von ihnen werden Network Marketing als ein Vehikel betrachten, mit dem sie proaktiv für ihre Zukunft vorsorgen können.

Es ist vorstellbar, dass allein im Zeitraum von 2013 bis 2017 an die 40 oder 50 Millionen von Menschen als Vertriebspartner ins Network Marketing einsteigen werden, da in dieser Zeit große wirtschaftliche Umwälzungen stattfinden werden. Es dauerte fast 60 Jahre, bis Network Marketing einen Verkaufsumsatz von $ 100 Milliarden erreicht hat. Die zweiten $ 100 Milliarden werden wohl in nur 10 oder 15 Jahren erreicht sein. Und jene $ 200 Milliarden könnten sich danach leicht innerhalb von fünf bis sieben Jahren auf $ 400 Milliarden verdoppeln. Der größte Teil davon wird nicht von Neukunden kommen – die Verkäufe werden auf bestehenden Stammkundschaften aufbauen, vor allem auf dem Einzelhandel.

Die nächste Dotcom-Blase …

…wird nicht wirklich eine Blase sein, sondern die logische Migration eines Riesenschwalls von Kaufkraft vom Einzelhandelsumfeld zur Internet-Welt. Wir können (hoffentlich) davon ausgehen, dass diesmal die Unternehmen und die Investoren nicht die Notwendigkeit aus den Augen verlieren werden, Qualitätsprodukte zu fairen Preisen zu liefern, die ihnen auch einen Gewinn ermöglichen.

Was heute beim E-Commerce oft übersehen wird, ist der Anfang. Nicht der ursprüngliche Anfang, sondern der *wirkliche* Anfang – ich meine den, der gerade jetzt beginnt.

Die Statistiken, die Sie über E-Commerce lesen, mögen einem unglaublich erscheinen – und sie wachsen jede Saison deutlich an. Doch Sie müssen sich darüber im Klaren sein, dass wir uns jetzt immer noch auf den sehr, *sehr* frühen Stufen des Online-Einkaufens bewegen. Jene enormen Verkaufszahlen, die Sie heute in Berichten sehen, sind winzig im Vergleich dazu, wie sie in fünf und zehn Jahren aussehen werden.

Diese massive Migration zum Online-Einkaufen wird zwei sehr unterschiedliche Anforderungen an Unternehmer stellen…

Erstens werden die Einzelhändler mit konventionellen Ladengeschäften vor der Notwendigkeit stehen, den Leuten gute Gründe vorzuweisen, weiterhin zu ihnen zu kommen, wenn sie relevant bleiben wollen. Die Läden und Einkaufszentren werden nicht verschwinden, aber sie werden vieles anders machen müssen. Wahrscheinlich hat es bisher niemand besser gemacht als Tesco. (Zumindest hat niemand eine bessere Nutzung von QR-Codes vorgewiesen.) In Korea stand diese Kette vor der Herausforderung des Wettbewerbs mit anderen Supermarktketten, die mehr Niederlassungen an besseren Standorten hatten. Tescos Lösung: Virtuelle Läden an Orten wie U-Bahn-Stationen.

Sie stellen dort Schaubilder auf, die auf großen Bannerfotos zeigen, wie es in den wirklichen Läden aussieht. Die Einkäufer scannen den QR-Code auf dem Bild des Artikels, den sie kaufen möchten, mit ihrem Smartphone, wählen die Menge, und der Artikel wird zu ihrem Einkaufskorb hinzugefügt. Sobald sie mit dem Einkauf fertig sind, schließen sie die Bestellung ab, und ihr Einkauf wird ihnen geliefert, kurz nachdem sie nach Hause kommen. (Sie können eine tolle Fallstudie (in engl.) hier sehen:

http://simplesells.tumblr.com/post/24044870654/homeplus)

Die andere Anforderung wird an die bestehenden und aufkommenden Online-Einzelhändler gestellt werden. Sie werden ein Online-Erlebnis schaffen müssen (oder noch besser eines für mobile Geräte), das mit dem Einkaufserlebnis im Einzelhandel vergleichbar und besser als bei anderen Online-Einzelhändlern ist.

Um es anders auszudrücken, konventionelle Einzelhändler werden die Bequemlichkeit des Online-Einkaufs nachmachen müssen, und Online-Einzelhändler werden die sozialen Aspekte der Läden und Einkaufszentren nachmachen müssen. Und die schlauesten werden natürlich nahtlos über *beide* Kanäle arbeiten.

Manche Unternehmen, wie etwa Apple und der Textileinzelhändler Andrew Christian, machen das bereits sehr gut. Der Großteil der Verkäufe dieser beiden Marken findet online statt, der Rest in schicken Vorzeigeläden. Amazon drückt die Preise momentan ganz gewaltig mit seinem Prime-Konto. Da gibt es Lieferung innerhalb von zwei Tagen, Kaufen auf einen Klick und ein Abonnenten-Sparprogramm, das es Ihnen ermöglicht, regelmäßig stapelweise Bücher zu Tiefstpreisen nach Hause geliefert zu bekommen. Schauen Sie sich bei den Billigläden um oder besuchen Sie eines der großen Kaufhäuser, beobachten Sie dort das Verhalten der Menschen und sprechen Sie sie an. Sie werden vielleicht schockiert sein, wenn Sie sehen, wie viele von ihnen nun diese Läden als „virtuelle Schauräume" für Amazon nutzen, besonders mit der neuen Amazon-Scan-App.

Einige Beispiele anderer Themen, mit denen sich jene Einzelhändler werden beschäftigen müssen:

- Supermärkte, Reformhäuser und große Kaufhäuser werden in Eigenmarken investieren und sie stärker in den Vordergrund schieben müssen, da sie aufgrund ihres abnehmenden Marktanteils größere Gewinnspannen einnehmen müssen.
- Da das Tempo des Lebens zunehmend hektischer wird, werden Menschen immer mehr bereit sein, für Annehmlichkeiten zu bezahlen. Supermärkte mit Blumenabteilungen, Bäckereien, Cafés und Apotheken sind wohl erst der Beginn. Es bleibt abzuwarten, ob sie demnächst auch Kinderbetreuungseinrichtungen, Nagelpflegesalons, Wellnesscenter und Virtual Reality Holodecks aufnehmen werden. Sie werden auch die Möglichkeit eines virtuellen Einkaufs bieten müssen, so wie es Tesco getan hat.
- Sowohl Einzelhändler mit festen Gebäuden als auch die Internetläden werden einen Weg finden müssen, wie sie Lieferungen aufgrund von automatischen Bestellungen handhaben wollen, die von „smarten Geräten" aufgegeben werden.

- Einzelhändler mit Ladengeschäften werden gut darin werden müssen, SMS-Nachrichten über Sonderangebote zu versenden und Fußgängern oder vorbeifahrenden Autos oder Landspeedern (Ein Landspeeder ist ein von Motoren angetriebenes Fahrzeug, dass sich schwerelos über dem Boden fortbewegt) Vergünstigungen anzubieten.
- Sowohl Ladengeschäfte als auch Internetläden werden sich mit den sieben Millionen Menschen beschäftigen müssen, die Abonnenten des *The My Network* sind und die viele Inhalte anfordern werden, aber keine Werbung drin haben wollen.
- Es wird wieder einmal um das Erlebnis gehen. Ladenbesitzer werden sich stärker bemühen müssen, den Ladenbesuch für ihre Kunden zu einem *Erlebnis* zu machen. Die meisten Leute haben eine Kaffeemaschine zu Hause, also warum gehen so viele ins Kaffeehaus? Es ist wirklich einfach, Computer und Elektronikartikel online zu kaufen, also warum wandern Leute begierig in den Apple-Laden?

Für die Online-Händler gilt das genaue Gegenteil. Sie müssen das Modell eines riesigen Einkaufszentrums nachbilden, wie etwa der „Mall of America" – das ist ein riesiges Einkaufszentrum in Minnesota, das mehr als 30 Millionen Besucher pro Jahr anzieht. Die Leute reisen von weit her an, um dort einkaufen zu gehen, oft in den Läden derselben Ketten, die sie auch in ihrer Heimatstadt haben. Aber sie tun es, weil sie dort auch eislaufen und Achterbahn fahren, das Aquarium besuchen, durch das Nickelodeon-Universum schlendern und den elf Meter hohen Roboter im Lego-Laden des Einkaufszentrums sehen können.

Entgegen dem, was der große Philosoph Yogi Berra einmal gesagt hat, gehen die Leute dorthin, weil das der Ort *ist*, wo man hingeht. Es gibt einen sozialen Aspekt und ein Element der Stammeszugehörigkeit im Einzelhandel, die nicht von der Hand zu weisen sind.

Warum treffen sich junge Frauen samstags im Einkaufszentrum? Weil das der Ort ist, wo sich die jungen Männer treffen. Warum treffen sich junge Männer samstags im Einkaufszentrum? Weil das der Ort ist, wo sich die jungen Frauen treffen.

Stellen Sie sich dieses Szenarium vor: Es ist Samstagvormittag und Sie möchten einen Rechen, ein Paar Socken und eine Uhr kaufen. Also fahren Sie wie immer zum Einkaufszentrum. Sie fahren auf den Parkplatz und es sind keine Autos dort. Sie denken kurz nach, doch Sie sind sich sicher, dass kein Feiertag ist. Sie nehmen den begehrtesten Platz ein, den neben dem Behindertenparkplatz vor dem Haupteingang.

Sie betreten das Einkaufszentrum und alle Lichter sind an. Alle Läden sind geöffnet und die Verkäufer arbeiten darin. Es sind nur keine Kunden da. Das sollte eigentlich Ihr Traumszenario sein – der perfekte Parkplatz und keine anderen Menschen, auf die man Rücksicht nehmen muss. Doch was als nächstes geschieht, wird Sie Lügen strafen...

Denn Sie würden sich wahrscheinlich ganz schnell holen, was Sie brauchen, und Sie würden sich beeilen, da möglichst schnell wieder herauszukommen. Es würde sich einfach komisch anfühlen. Sie würden sich die ganze Zeit über wundern, WARUM wohl niemand sonst hingeht und ob Sie überhaupt dort sein sollten. Ist etwas geschehen? Gibt es Neuigkeiten, von denen Sie nichts mitbekommen haben? Wenn jemand Sie später nach dem Einkaufszentrum fragen würde, würden Sie ihm sagen, da nicht hinzugehen, weil niemand mehr hingeht. Sie brauchen einen sozialen Beweis, dass andere Menschen dort einkaufen, damit Sie sich wohl dabei fühlen, dort selbst einzukaufen.

Leute gehen in Läden und Einkaufszentren, weil das Orte sind, wo auch andere Leute hingehen. Die Herausforderung für Internet-Geschäfte wird also darin bestehen, „vortale" Sites (vortal = virtuelles Online-Portal) und noch mehr Apps zu schaffen – Apps, die die Leute gern besuchen werden, weil auch alle anderen hingehen.

Drei Aspekte werden immer eine Rolle spielen: Inhalt, Kommerz und Gemeinschaft. Doch die Definitionen dieser Begriffe ändern sich. Hier ist die Frage, die zu stellen sich lohnen wird: Wie erschaffe ich eine Mall of America im Cyberspace?

Wie in vielen anderen Situationen auch könnten die wirklichen Gewinner Unternehmer sein, die von außerhalb dieses Raumes kommen, denn Menschen, die dem Status Quo verhaftet sind, können nicht mehr über ihre Grenzen hinaussehen.

Im Buch *Flash Foresight* erzählt der Autor Dan Burrus dazu eine faszinierende Geschichte. Er hielt 1993 eine Rede vor dem amerikanischen Buchhändlerverband, der National Booksellers Association. Er sagte voraus, dass innerhalb von zwei bis drei Jahren ein riesiges, erfolgreiches virtuelles Buchgeschäft eröffnen würde, das die Art und Weise transformieren würde, wie Menschen Bücher kaufen. Er meinte, der Gründer könnte eines der anwesenden Mitglieder sein, aber es wäre eher unwahrscheinlich, denn sie alle hätten ja schon in konventionelle Buchgeschäfte investiert.

Keiner im Raum nahm ihn ernst, denn die meisten von ihnen wussten kaum, was das Internet überhaupt war. Doch nur zwei Jahre später gründete ein Außenstehender namens Jeff Bezos die Firma Amazon.com.

Wann haben Sie sich Ihr eigenes Geschäft und Ihre eigene Branche aus der Sicht eines Außenstehenden angesehen? Welche Entscheidungen würden Sie treffen, wenn Sie wegen der Investitionen oder der bereits etablierten Verfahren nicht voreingenommen wären?

88 Millionen Babyboomer kommen allmählich in die Rentenjahre. Die Menschen leben länger und setzen sich später zur Ruhe. Welche Herausforderungen werden sich daraus ergeben und welche Chancen birgt dies in sich?

Das hektische Lebens- und Arbeitstempo wird sich noch steigern. Welche Herausforderungen werden sich daraus ergeben und welche Chancen birgt dies in sich?

Das schnelle Tempo wird es mit sich bringen, dass Fake Food, Fast Food, Tiefkühl- und Mikrowellenkost einen zunehmenden Prozentsatz unserer Ernährung darstellen werden – was wiederum zu einem Anstieg von hohem Cholesterin, Herzkrankheiten, Übergewicht und Diabetes führen wird. Welche Herausforderungen werden sich daraus ergeben und welche Chancen birgt dies in sich?

Jene Gesundheitsprobleme und die rapide Zunahme an Pharmazeutika und medizinischen Behandlungen werden wahrscheinlich an irgendeinem Punkt zu einer Gegenreaktion führen und eine Renaissance hin zu naturbelassenen Lebensmitteln und einer gesunden Lebensführung einleiten. Welche Herausforderungen werden sich daraus ergeben und welche Chancen birgt dies in sich?

Zu irgendeinem Zeitpunkt werden all diese Technologien und das elektronische Verbundensein und die Rundum-die-Uhr-Stimulierung den Reiz des Neuen verlieren und die Menschen werden sich nach einem von der Technik losgelösten Leben sehnen. Welche Herausforderungen werden sich daraus ergeben und welche Chancen birgt dies in sich?

Es wird weiterhin gemischte Ehen geben und die Rassen werden sich vermischen, und schließlich gelangen wir zu einer standardmäßig bräunlichen Rasse rund um den

Erdball. Welche Herausforderungen werden sich daraus ergeben und welche Chancen birgt dies in sich?

Eines Tages in nicht allzu weiter Ferne wird man einen Planeten entdecken, auf dem menschliches Leben möglich ist und den man durch Raumreisen erreichen kann, und die Menschen werden beginnen, dorthin zu ziehen. Welche Herausforderungen werden sich daraus ergeben und welche Chancen birgt dies in sich?

Was können Sie beschleunigen und was können Sie bremsen.

4. Akt:

Spanne das Ego für den Erfolg ein

Es gibt einen faszinierenden Abschnitt in Napoleon Hills Buch *The Master Key to Riches*, worin er anhand des Periodensystems der Elemente die Bestandteile auflistet, die man bräuchte, um den menschlichen Körper zusammenzustellen, und wie viel es schätzungsweise kosten würde, um diese Bestandteile zu kaufen. Selbst bei den heutigen überhöhten Preisen könnten Sie sich wohl noch immer für weniger als 20 Euro ersetzen.

Zumindest das Gehäuse, in dem Sie durchs Leben gehen. Was unterscheidet Sie wirklich von jenen Bestandteilen für € 20, die Sie auf der Website für naturwissenschaftliche Materialien kaufen können?

Ich schlage vor, wir nennen es *Bewusstsein*. Das führt uns zu einer noch faszinierenderen Frage: Was macht uns bewusst, dass wir ein Bewusstsein haben?

Das Ego.

Ihr Ego ist wirklich das, was Sie über die Elemente hinaushebt, aus denen ihr physikalischer Körper besteht. Es ist Ihre Urteils- und Abwehrfähigkeit und Ihr Gedächtnis. Es hilft Ihnen, Ihre Gedanken zu organisieren und die Welt um Sie herum zu verstehen. Doch die gängige Meinung besagt, dass Ego etwas Schlechtes ist. Es wurde als das charakterisiert, was „Gott verdrängt", Amok läuft und tatsächlich ein Werk des Teufels ist.

Wenn Sie jedoch Hills Meisterwerk lesen, *Denke nach und werde reich,* werden Sie eine überraschende Feststellung machen. Die Menschen, die er in seiner bedeutenden 20-jährigen Studie untersucht hat – ein Querschnitt der erfolgreichsten Menschen der Welt – hatten alle starke Egos.

Von Ford zu Firestone, Wrigley zu Wannamaker, Alexander Graham Bell zu Thomas Edison, Charles Schwab zu Andrew Carnegie, Woolworth zu Rockefeller – sie alle waren machtvolle Menschen mit einem starken Willen und einem starken Selbstbewusstsein. Menschen mit gesunden Egos.

Die neuen Milliardäre...

Im Schnellvorlauf zu den erfolgreichsten Unternehmern unserer Zeit: Bill Gates, Steve Jobs, Mark Cuban, Richard Branson, Meg Whitman, Michael Dell, Ross Perot, Mark Zuckerberg, Larry Ellison, Oprah Winfrey und Carly Fiorina.

Haben Sie jemals gehört, dass einem dieser Menschen vorgeworfen worden wäre, er hätte kein Ego?

Wenn wir die Welt des Unternehmertums verlassen und uns der Politik, dem Sport oder gar den Künsten zuwenden, sehen wir dasselbe Muster: Menschen, die Großes erreichen, haben starke Egos. Man kann mit ziemlicher Überzeugung die Ansicht vertreten, dass ein starkes Ego nötig ist, um großen Erfolg zu haben.

Ja, wir alle kennen Menschen, die von sich selbst eingenommen sind, doch darum geht es beim Ego nicht. Ein klares Unterscheidungsmerkmal zwischen Ego und Egomanie ist der Wunsch, über andere Menschen Kontrolle auszuüben. Wenn Sie versuchen, andere zu kontrollieren, ist es ein sicheres Zeichen für ein *ungesundes* Ego.

Auch wenn Sie jemanden ständig davon sprechen hören, wie toll und großartig er selbst ist, dann haben Sie ein Ego vor sich, das außer Kontrolle geraten ist. Das Gerede kommt nicht daher, dass dieser Mensch besonders übermütig oder selbstbewusst wäre, sondern in Wirklichkeit ist das Gegenteil der Fall...

Narzissmus und Selbstbefangenheit kommen von Unsicherheit. Menschen, die immer von sich selbst prahlen, um selbstbewusst zu erscheinen, sind in Wirklichkeit unsicher. Sie haben kein gesundes Ego und sie verhalten sich so, um ihre Ängste zu verbergen.

Menschen mit einem starken, ausgeglichenen Ego wollen großartig sein. Sie haben es aber nicht nötig, zu prahlen oder bei anderen Bestätigung zu suchen. Das ist so, weil Menschen mit starken Egos in der Regel selbst ihre strengsten Kritiker sind. Ihr Antrieb kommt von innen und er ist intensiv. Sie betrachten ihre zunehmende Großartigkeit als einen natürlichen Fortschritt auf ihrem Lebensweg. Ihnen geht es darum, die nächste Stufe ihrer Entwicklung zu erreichen, und sie fühlen sich wohl dabei, wenn sie dafür anerkannt werden.

Sie stellen sich selbst nicht immer in den Mittelpunkt und sie erbringen Dienste für andere und beteiligen sich auch jederzeit sehr gern an wohltätigen Zwecken. Aber ein starkes Ego muss vorhanden sein, um ein hohes Maß an Erfolg und Wohlstand zu erreichen.

Um wirklich Ihr volles Potential zu erreichen und etwas Großes zu tun, müssen Sie die Meinung fallen lassen, dass Ego etwas mit Eitelkeit oder Selbstsucht zu tun hat. Machen Sie sich stattdessen klar, dass wahres Ego einfach der Teil Ihres Geistes ist, der das Bewusstsein kontrolliert.

Lassen Sie mich eine Behauptung aufstellen, die bei manchen Bestürzung hervorrufen wird, von der ich aber weiß, dass sie absolut wahr und richtig ist:

Das Verlangen danach, großartig zu sein und dafür anerkannt zu werden, ist gesund.

Alles andere bedeutet, ein nur mittelmäßiges Leben zu führen. Und Mittelmäßigkeit zu akzeptieren ist einfach keine Option für Menschen mit einem gesunden Ego. Einfach nur einigermaßen über die Runden zu kommen oder es sich bequem zu machen würde heißen, dass sie ihr wahres Potential ignorieren. Und das wäre eine Beleidigung all dessen, was für sie eine Bedeutung hat, angefangen bei ihrer Selbstwertschätzung bis hin zu ihrem Schöpfer.

Etwas Großartiges zu tun erfordert ein starkes Ego. Das Wichtige dabei ist jedoch, dass Sie Ihr Ego unter Kontrolle haben und nicht umgekehrt. Wenn Sie die Führung übernehmen und Ihr Ego anleiten, dann kann es eine wichtige Rolle dabei spielen, dass Sie Ihren Lebenszweck erfüllen, und es kann Ihnen helfen, Großes zu vollbringen.

Dazu ist es notwendig, dass Sie „der Denker des Gedankens" werden und bewusst Ihr Ego weiter entwickeln und unter Kontrolle halten, um sich das Leben und den Erfolg und den Wohlstand zu schaffen, den Sie wollen.

Ich sah ein faszinierendes Interview mit Mike Krzyzewski, dem Coach der olympischen Basketballmannschaft der USA, die sich „The Dream" nennt. Er wurde gefragt, wie er es denn schaffe, dass diese Superstarsportler ihre Egos an der Tür abgeben. Seine Antwort war ziemlich aufschlussreich…

Er sagte, er würde von seinen Spielern nicht erwarten, dass sie ihre Egos an der Tür abgeben. In der Tat erwarte er von seinen Spielern, ein Ego zu haben. Aber er wolle, dass sie jenes persönliche Ego in das Team-Ego mit einfließen lassen. Dies ist eine wertvolle Lektion für uns alle.

Wie Genies ihr Ego einsetzen...

Man kann von genialen Unternehmern viel darüber lernen, wie man das Ego lenken und nutzen kann, um Ergebnisse zu erzielen. Hier ist ein Auszug von Napoleon Hills Erörterung dieses Themas in seinem Buch *The Master-Key to Riches*:

„Ein Edison entwickelt und lenkt sein Ego auf dem Gebiet der kreativen Erforschung und die Welt bekommt ein Genie, dessen Wert nicht in Dollars ausgedrückt werden kann."

Ein Henry Ford lenkt sein Ego auf das Gebiet des Automobiltransports und er gibt dem einen so gewaltigen Wert, dass die Zivilisation eine neue Richtung einschlägt, indem sie Grenzen entfernt und Bergpfade in öffentliche Autobahnen umwandelt.

Ein Marconi magnetisiert sein Ego mit dem wilden Verlangen danach, den Äther zu bezwingen, und er erlebt, wie sein drahtloses Kommunikationssystem zur Entwicklung des Radios führt, durch das die Welt dank sekundenschnellem Gedankenaustausch zusammenrückt.

Diese Männer und alle anderen, die zum Lauf des Fortschritts beigetragen haben, haben der Welt gegenüber demonstriert, welche Kraft ein gut entwickeltes und sorgfältig kontrolliertes Ego hat.

Einer der größten Unterschiede zwischen Menschen, die wertvolle Beiträge für die Menschheit leisten, und denen, die nur Raum in der Welt einnehmen, ist hauptsächlich der Unterschied bei ihren Egos, denn das Ego ist die Triebkraft hinter allen Formen menschlicher Aktivität.

Freizügigkeit und Freiheit von Körper und Geist, die beiden größten Verlangen aller Menschen, sind in exakter Proportion zu der Weiterentwicklung und Nutzung des eigenen Egos verfügbar. Jeder Mensch, der die richtige

Beziehung zu seinem Ego aufrecht erhält, kann so viel Freiheit und Freizügigkeit genießen, wie er nur will."

Einige Dinge fallen bei diesem Auszug ins Auge. Was Ihnen vielleicht auch als Erstes aufgefallen ist, ist, dass er ausschließlich von Männern spricht. Das ist lediglich eine Widerspiegelung der Vorurteile der damaligen Zeiten. Heutzutage finden wir sowohl Männer als auch Frauen auf jeder Ebene des Berufslebens, also gilt seine Aussage heute für beide Geschlechter. Hätte er das Buch heute geschrieben, könnte man sich ganz gewiss Oprah darin einbezogen vorstellen.

Ein anderer wichtiger Aspekt der Einsichten von Hill ist die Konzentration auf das positive Ergebnis, das produziert wird. In jedem Fall bezieht er sich auf Ergebnisse, die „wertvolle Beiträge für die Menschheit" sind. Noch interessanter ist zu hören, dass Hill, der einer der positivsten Menschen seiner Generation war, Worte verwendet wie „Raum einnehmen", um einen bestimmten Typ von Menschen zu beschreiben. Er verwendet den Begriff, um den Kontrast zwischen Menschen mit einem ungesunden Ego und denen, die von einem gesunden Ego angetrieben werden, aufzuzeigen.

Das Ego für das Gute...

Ein wichtiges Element jedes gesunden Egos ist die bewusste Entscheidung, etwas Gutes zu tun. Wenn es Ihrem Ego nur darum geht, anerkannt zu werden, ins Fernsehen zu kommen oder auf dem großen Bildschirm auf dem Times Square gezeigt zu werden, ist es nicht das, wovon wir hier reden.

Es ist ein Zeichen dafür, dass die heutige Gesellschaft krank ist, wenn so viele Menschen nur deshalb berühmt sind, weil sie berühmt sind. Sie erlangen eine traurige Berühmtheit, und ein geschickter Manipulator kann aus einer solchen Aufmerksamkeitshascherei reichlich Geld ziehen. Doch sie bringt niemals den dauerhaften Erfolg, mit dem wir uns hier beschäftigen. Jene Art von oberflächlichem Trachten nach Aufmerksamkeit hat keine Grundlage, die einen Wert darstellt. Jeder wirkliche Wohlstand dagegen basiert darauf, etwas von Wert zu bieten; jede Interaktion stellt einen Wertaustausch dar.

Dauerhafter Erfolg kann auch nie davon kommen, dass man andere Menschen ausbeutet oder Ressourcen plündert. Er stell sich nur ein, wenn man Win-Win-Szenarien schafft, die beiden Parteien Nutzen bringen. Um mit diesen universellen Gesetzen des Erfolgs im Einklang zu sein, müssen Sie bei der Weiterentwicklung Ihres Egos darauf achten, Beiträge zu leisten und nicht nur am empfangenden Ende zu sein.

Wie sieht also ein gesundes Ego aus? Und wie nehmen Sie den Prozess praktisch in die Hand und entwickeln ein Ego, das Sie zum Erfolg treibt?

Der Prozess besteht aus sechs Schritten. Es folgt eine Übersicht. Wir werden uns anschließend jeden Schritt gesondert ansehen.

1. Richten Sie Ihr Ego auf ein höheres Ziel aus.
2. Verfolgen Sie Ihr Ziel mit Leidenschaft.
3. Denken Sie kritisch und bewusst.
4. Handeln Sie unablässig.
5. Lenken Sie Ihr Ego durch Selbstdisziplin.
6. Bauen Sie sich eine Unterstützungsgruppe auf.

1) Richten Sie Ihr Ego auf ein höheres Ziel aus.

Wenn Sie auf ein höheres Ziel hinarbeiten, steigen Sie auf eine höhere Bewusstseinsebene und ziehen alle Menschen in Ihrem Umkreis mit hoch. Sie ziehen Menschen mit Ihrer

Vision an, und diese helfen Ihnen, Boden unter den Füßen zu behalten und vorwärtszukommen.

Mein Freund Percy ist ein einflussreicher kritischer Denker, der sich besonders des Themas Zielsetzung annimmt. Er berät Unternehmen, die bessere Leistungen erbringen wollen. In seinem Buch *The Profitable Power of Purpose* schreibt er unter anderem: „Es ist eine nationale Epidemie, dass Leute Arbeitsstellen suchen, statt Ziele zu verfolgen. Wir sollten aufhören, die Arbeitslosen zu zählen und stattdessen die Ziellosen zählen." Das mag zwar in der Praxis nicht machbar sein, doch diese Aussage gibt uns einigen Stoff zum Nachdenken.

Überlegen Sie mal. Einem Lohnzettel nachzujagen oder die Aktienpreise zu verfolgen wird niemanden auf Dauer inspirieren. Wenn Sie dagegen Ihr Lebensziel verfolgen, ist dies nicht nur eine Inspiration zum täglichen Handeln, sondern Sie wachsen auch über sich selbst hinaus. Während Sie Ihren Weg weiterverfolgen, werden auch Ihre Ziele naturgemäß immer anspruchsvoller.

Sie wollen zwar immer noch Geld verdienen, befördert werden oder ein gewinnbringendes Unternehmen aufbauen, doch Sie betrachten all diese Wünsche aus dem Blickwinkel, dass Sie echte Werte schaffen wollen, und das führt naturgemäß zu immer mehr Erleuchtung bei Ihren Taten.

2) Verfolgen Sie Ihr Ziel mit Leidenschaft.

Wenn Sie das richtigen Ziel gewählt haben, werden Sie es mit Leidenschaft verfolgen. Sie wollen es erreicht sehen, und Sie werden es wahr machen. Ihr Unterbewusstsein zieht Sie in Richtung Ihres Zieles.

Wenn Ihr Ego außer Kontrolle geraten ist und Ihr einziges Ziel darin besteht, „einen Lamborghini zu bekommen", werden Sie Ihre Arbeit vielleicht auch mit Leidenschaft angehen, weil Sie wirklich einen Lamborghini haben wollen. Doch ein so oberflächliches Ziel wird Sie nicht stark genug inspirieren, um den Erfolg zu erlangen, den Sie sich wünschen.

Wie wir im nächsten Akt besprechen werden, beginnen Ziele damit, dass Sie sich zuerst Ihre eigenen Bedürfnisse erfüllen. Doch während Sie in sich wachsen, wird es bei Ihren Zielen immer mehr darum gehen, anderen zu dienen. Sie werden sich immer noch um Ihre eigenen Bedürfnisse kümmern müssen, doch nun haben Sie das Bedürfnis, die Freude zu verspüren, die aufkommt, wenn Sie anderen helfen, die Freude, die sich einstellt, wenn Sie einen wertvollen Beitrag leisten. Das ist nach wie vor egoistisch, doch auf eine sehr positive Weise.

3) Denken Sie kritisch und bewusst.

Wir haben diesen Punkt bereits ausführlich in diesem Buch behandelt, also werde ich hier nicht nochmals darauf herumreiten. Doch Sie werden feststellen, dass die Anzahl der Menschen, die kritisches Denken praktizieren, schockierend klein ist. Dan Burrus greift in seinem Buch *Flash Foresight* etwas Faszinierendes auf…

Er erzählt davon, wie die Generation der Babyboomer älter wurde und immer wieder neue Bedürfnisse entstanden. Zuerst gab es nicht genug Windelwaschdienste, dann gab es nicht genug Kindergartenplätze, dann gab es nicht genug Vorschulen und Grundschulen. Als nächstes kamen die Gymnasien und Universitäten dran. Sie haben diese Geschichte sicher schon einmal gehört und wissen, wie die Boomer Einfluss auf die Welt nahmen, als sie in die Dreißiger, Vierziger und Fünfziger kamen.

Nun kommt der wirklich faszinierende Teil…

Nicht nur, dass der Markt nicht darauf vorbereitet war, als sie über die Jahrzehnte hinweg älter wurden – er ist immer noch nicht darauf vorbereitet! Die Altenversorgung,

Pflegeheime und Bestattungsdienste haben noch nicht genügend Kapazitäten, um die überwältigende Nachfrage zu decken, die auf sie zukommen wird.

Der Bedarf ist so vorhersagbar wie das Amen im Gebet und sie hatten mehr als fünf Jahrzehnte Zeit, um sich darauf einzustellen, aber fast alle Branchen, die drauf und dran sind, enorm von den Babyboomern zu profitieren, sind noch immer nicht bereit dafür.

Sie sind dem Modell verhaftet, dass man auf Nachfrage reagiert, anstatt kritisch zu denken und sie vorherzusehen.

Machen Sie nicht denselben Fehler. Stellen Sie den Status Quo in Frage. Nutzen Sie Ihr kritisches Denkvermögen und denken Sie beim Schachspiel immer einige Züge voraus.

4) Handeln Sie unablässig.

Ein anderes Thema, über das Hill in seinem Buch *The Master-Key to Riches* schreibt, ist die kosmische Macht der Gewohnheit. Konkret heißt das, dass Ihre täglichen Gewohnheiten zu Ihren Ergebnissen führen.

Erfolgreiche Menschen sind Menschen in Bewegung. Jeden Tag kommen sie ihrem Traum einen Schritt näher. Sie sind jeden Tag aktiv, auch wenn sie sich nicht danach fühlen. Dazu braucht man Motivation.

Weil ich ein professioneller Redner bin und über Erfolg spreche, stellen mich die meisten Leute mit einem Motivationsredner gleich. Daher werde ich oft nach den Geheimnissen der Motivation gefragt. Hier ist das vielleicht wirksamste:

Stetiger Fortschritt.

Nichts anderes kann Sie mehr inspirieren oder Ihnen mehr Motivation geben als wenn Sie sich tatsächlich Ihrem Traum näher kommen sehen. (Außer, wenn Ihr Traum zu klein ist, um Sie zu begeistern. Doch das ist ein anderes Thema....)

Erfolg ist keine Mikrowelle, sondern ein Schmortopf. Und Ihre täglichen Handlungen sind die Zutaten.

Wenn Sie 30 kg abnehmen wollen, macht das Abrackern im Fitnessstudio nicht viel Spaß. Doch wenn Sie in der ersten Woche vier Kilos loswerden, kommt Begeisterung auf. Sie beginnen daran zu glauben, dass Sie Ihr Ziel erreichen können. Und Sie trainieren ein wenig länger, nachdem Sie die guten Neuigkeiten auf der Waage gesehen haben. Jede Woche machen Sie weitere Fortschritte.

Nun bauen Sie tatsächlich Muskelmasse auf und Fett ab. Ihr Stoffwechsel wird angekurbelt und Sie verlieren schneller an Gewicht. Sie werden noch motivierter und Ihr stetiger Fortschritt steuert auf Ihr Ziel hin.

Nehmen wir an, Sie stecken tief in Schulden. Wenn Sie wie die meisten Menschen sind, wollen Sie gar nicht die genauen Zahlen wissen und Sie beschäftigen sich erst dann mit den Rechnungen, wenn sie zur Zahlung fällig werden. Eine bessere Strategie wäre, eine vollständige Inventur aller Ihrer Verbindlichkeiten vorzunehmen, sich anzusehen, wo genau Sie momentan stehen, und einen Zeitplan für die Rückzahlungen aufzustellen. Wichtig ist dabei, dass Sie die Fortschritte verfolgen und Ihre Schulden Woche für Woche schrumpfen sehen. Der Fortschritt erhält Ihre Motivation aufrecht.

Es funktioniert auch in die entgegengesetzte Richtung...

Nehmen wir an, Sie konzentrieren sich darauf, Ihr Eigenkapital aufzubauen. Zu den besten Dingen, die Sie tun können, gehört, Ihren Buchhalter zu bitten, für Sie jeden Monat eine Kontenübersicht zu erstellen. Egal, ob Sie

Schulden abbauen oder Kapital aufbauen wollen – wenn Sie einen stetigen Fortschritt in Richtung Ihres Zieles sehen, stellt sich als Wirkung ein, dass Sie zu Ihrem Ziel hingezogen werden. Das motiviert Sie und führt uns zum nächsten Punkt:

5) Lenken Sie Ihr Ego durch Selbstdisziplin.

Wenn Sie unablässig handeln und beginnen, stetige Fortschritte zu sehen, fühlen Sie sich motiviert. Das ist keine Hipp-Hipp-Hurra-Motivation, die von außen kommt, sondern die beste Motivation, die es gibt: kraftvolle Motivation von innen. Diese Motivation hilft Ihnen, Selbstdisziplin zu entwickeln, und diese wird Ihre täglichen Handlungen lenken und Sie zu Ihrem Ziel führen.

Wenn Sie motiviert sind, sich nach vorwärts bewegen und täglich handeln, dann setzen Sie Ihr Ego ein, um das Ergebnis zu produzieren, das Sie sich wünschen. Diese Struktur bietet eine Anleitung für Ihr Ego, und es arbeitet dann im Unterbewusstsein mit, um Sie zu Ihren Zielen hinzuführen.

Ironischerweise lehnen viele Leute Disziplin ab – doch Disziplin macht frei.

Als allgemeine Regel gilt: Erfolgreiche Menschen arbeiten mehr als andere. Sie setzen einfach mehr Stunden ein. Doch Sie tun noch etwas anderes...

Sie organisieren das, was sie während jener Stunden tun, auch besser als die meisten anderen. Sie verstehen den Unterschied zwischen unproduktiver Beschäftigung und den Aktivitäten erfolgreicher Geschäftsleute. Sie üben Selbstdisziplin und konzentrieren sich auf produktive Tätigkeiten. Dazu gehört, manchmal Entscheidungen zu treffen, die mit Opfern verbunden sind. Denn eines ist sicher:

Wenn Sie ein hohes Niveau an Erfolg erreichen wollen, werden Sie viele Dinge aus Ihrem Leben streichen müssen.

Einige Dinge, die Sie opfern müssen, sind einfach Ablenkungen. Andere sind angenehmer Zeitvertreib. Und einige Dinge machen Sie wirklich gern und würden Sie gerne weitermachen – doch Sie werden eine bewusste Entscheidung treffen, sie zu Gunsten des Hauptziels in Ihrem Leben aufzugeben. Sie geben einige Dinge auf, die Sie gern machen, um die Dinge zu bekommen, die Sie *wirklich wollen*.

Uns ist klar, dass erfolgreiche Menschen ihre Zeit effektiv organisieren. Doch sie organisieren noch eine Menge anderer Dinge gut. Und sie tun es durch Selbstbeherrschung.

Alles hängt davon ab, welche Entscheidungen Sie treffen und welche Prioritäten Sie sich setzen. Entscheiden Sie, was in Bezug auf die Erfüllung Ihres Lebenszieles wirklich wichtig ist. Was dabei eine große Rolle spielt, ist Ihre Energie. Das Geheimnis der Nutzung Ihres Egos besteht darin, dass man durch Selbstkontrolle Energie in ein erwünschtes Ziel transmutiert.

Leute beschweren sich oft über ihr Energieniveau, so als würde ihnen die Energie von einer mystischen äußeren Quelle zugeführt oder vorenthalten werden. Aber natürlich sind Sie selbst für Ihr Energieniveau verantwortlich. Erfolgreiche Menschen „bekommen" keine Energie. Sie wissen ganz genau, dass sie von innen kommt.

Ihre Energie und Vitalität sind ein Ergebnis der Entscheidungen, die Sie treffen. Sie hängen davon ab, welche Nahrung Sie essen (oder nicht essen), wieviel Schlaf Sie sich gönnen (oder nicht gönnen), wieviel Gewicht Sie mit sich herumtragen (oder nicht) und welcher Laster Sie sich enthalten (oder nicht).

Wie bei vielen anderen Dingen auch, ist weniger manchmal mehr ...

Und der Prozess ist sowohl körperlich als auch geistig. Sie erhöhen Ihre Energie, indem Sie sich jeder Maßlosigkeit enthalten. Und Sie verbessern Ihre innere Harmonie und Ihr vernünftiges Denken, indem Sie Ablenkungen und Zeitverschwender wie Sorgen, Eifersucht und Neid abstellen.

Sie mögen vielleicht (so wie ich) Eis, Pizza und Pasta, doch wenn Sie sich diese Dinge im Übermaß gönnen, werden Sie übergewichtig, lethargisch und körperlich schwach werden. Genauso gilt, wenn Sie Ihre innere Harmonie durch Gedanken von Rache, Hass und Eifersucht zerstören, werden Sie sich nicht auf die Idee konzentrieren können, die Ihnen Ihre nächste Million einbringen soll. Der Mensch, der seinen Körper und seine Gedanken unter Kontrolle hat, wird jeder Herausforderung ruhig und gesammelt ins Auge sehen und er wird die nötige Energie haben, um sie anzupacken.

Und keine Besprechung des Themas, wie man sein Ego und seine Selbstdisziplin einsetzt und wie sie diese beiden zum Erfolg führen, wäre vollständig, wenn man das Thema unterschlüge, wie man sexuelle Energie lenkt ...

Sexuelle Energie ist eine der stärksten Mächte auf Erden. In *Denke nach und werde reich* stellt Napoleon Hill die Prämisse auf, dass der Grund, warum viele Männer erst in ihren Fünfzigern höhere Ebenen des Erfolgs erreichen, wohl darin liegt, dass sie es erst dann schaffen, ihre sexuelle Energie zu zügeln.

Woody Allen machte den berühmten Ausspruch: „Selbst der schlechteste Orgasmus, den ich je hatte, war ziemlich gut!" Doch wenn Sie sich jemals mit Chi (der

Lebenskraft) beschäftigt haben, dann wissen Sie, dass ein Mann jedes Mal, wenn er ejakuliert, sein Chi vermindert. Deshalb erleben Praktizierende des tantrischen Sex oft einen Orgasmus ohne Ejakulation. Enthaltsamkeit ist bei den meisten Menschen nicht nötig und nicht einmal wünschenswert. Maßhalten und Einsicht können Ihnen jedoch helfen, jene Energie zur Verfolgung von Zielen auf anderen Gebieten umzulenken.

Genauso wie bei einigen anderen Dingen, die wir bereits besprochen haben, werden Sie manchmal einige Gewohnheiten aufgeben müssen, wenn Sie erreichen möchten, was Sie wirklich wollen. Maßhalten und Selbstbeherrschung bedeuten, dass man Unnötiges vermeidet, Luxus in Maßen genießt und sich völlig von allem fernhält, was in der Tat schädlich ist.

Sie sind nicht anders als jeder andere Mensch auch; Sie freuen sich über Anerkennung und Belohnungen. Deshalb ist es eine gute Idee, um Ihre Konzentration auf den positiven Weg aufrecht zu erhalten, wenn Sie sich Zwischenziele setzen, bei deren Erreichen Sie sich angemessen belohnen. Das könnte alles Mögliche sein: Sie könnten sich eine Massage gönnen, wenn Sie ein Kapitel fertig geschrieben haben (wie ich es sehr bald tun werde) oder sich einen Ferrari kaufen, wenn Sie mit Ihrem neuen Geschäft einen bestimmten Umsatz erreichen.

6) Bauen Sie sich eine Unterstützungsgruppe auf.

Wir alle brauchen Menschen, die uns auch mal zurechtweisen. Es ist ganz natürlich, dass Ihre Selbstsicherheit wächst, wenn Sie die Erfolgsleiter emporsteigen, und dass Sie mit sich selbst zufrieden sind. Selbstzufriedenheit ist eigentlich etwas Gutes. Menschen, die Höchstleistungen erbringen, fühlen sich normalerweise sehr wohl in ihrer Haut.

Doch wenn man einen Erfolg nach dem anderen erlebt und immer mehr Anerkennung bekommt, geschieht es leicht, dass man auf die dunkle Seite abdriftet, und deshalb ist es wichtig, dass Sie sich eine Unterstützungsgruppe aufbauen. Sie brauchen Menschen, die Sie gern haben, die das Beste für Sie wollen und, was genau so wichtig ist, die Ihnen sagen, wenn Sie von der richtigen Bahn abkommen. Menschen, mit denen Sie offen reden können, und von denen Sie wissen, dass sie Ihnen die Wahrheit sagen werden.

Wenn Sie sich manche berühmten Menschen ansehen, deren Leben völlig durcheinander gerieten, wie etwa Michael Jackson, Whitney Houston, Amy Winehouse und so viele andere, kann man ziemlich sicher davon ausgehen, dass sie keine solche Unterstützungsgruppe um sich hatten. Sie waren großartige künstlerische Genies und erreichten die höchsten Ebenen des Erfolgs in ihren Berufen, doch sie umgaben sich wahrscheinlich mit Menschen, die nur immer alles befürworteten, was sie taten. Sie finden dieses Verhaltensmuster eines geplagten Genies in vielen verschiedenen Bereichen, und ich musste auch schon selbst oft dagegen ankämpfen. Dazu kommt es, wenn Sie sich nicht mit Menschen umgeben, die stark genug sind, Ihnen entgegenzutreten und Sie zurechtzuweisen, wenn sie das Gefühl haben, dass Ihre Zukunft in Gefahr ist.

Sogar Ayn Rand, eine der brillantesten Intellektuellen des letzten Jahrhunderts, hatte am Ende ihres Lebens nur eine kleine Gruppe ihrer engsten Anhänger um sich – nachdem sie alle anderen weggestoßen hatte, die nicht allem zustimmten, was sie sagte. Ich glaube, dieser Mangel an intellektueller Herausforderung hat ihr Schaden zugefügt.

Das größte Geschenk, das Sie jemals einem anderen Menschen machen können, ist, ihm die Wahrheit zu sagen und ihm gegenüber authentisch, offen und ehrlich zu sein. Und das größte Geschenk, das Sie von Ihren engsten Vertrauten erhalten können, ist dasselbe.

Das hat nichts mit Negativsein, mit Angriffen auf andere oder mit dem Heruntermachen anderer zu tun. Sie müssen Menschen finden, die es liebevoll tun und dabei nur Ihr Bestes im Sinn haben. Wenn Sie zwei oder drei Menschen auf der Welt finden, denen Sie wirklich vertrauen können, sind Sie prima dran. Wenn Sie fünf oder sechs finden, haben Sie ein Wunderwerk vollbracht. (Und wenn Sie tatsächlich fünf oder sechs finden, haben Sie die Möglichkeit, eine Mastermind-Gruppe ins Leben zu rufen und all die Vorteile zu genießen, die eine solche Gruppe bieten kann.)

Wenn Sie die richtige Unterstützungsgruppe um sich herum aufbauen, wird sie Ihnen enorm dabei helfen, Ihr Ego auf eine kraftvolle und positive Weise einzusetzen.

Ein ausgewogenes Ego befindet sich immer unter der Kontrolle seines Besitzers. Entweder Sie haben Ihr Ego unter Kontrolle oder Ihr Ego hat Sie unter Kontrolle. Wenn Sie nicht genau wissen, wer gerade die Kontrolle hat, wird Ihnen die richtige Unterstützungsgruppe dabei helfen, die Wahrheit herauszufinden.

Die Rolle des Egos bei der Manifestation von Wohlstand ...

Der Einsatz Ihres Egos zur Schaffung von Erfolg ist ein Prozess, der Ihr Bewusstsein mit Ihrem Unterbewusstsein verbindet. Ihr Unterbewusstsein kennt keine Vernunft; es kann nicht analysieren oder Kritik üben. Es führt nur das aus, wozu es programmiert ist.

Doch wenn Ihr Bewusstsein nicht im Einklang mit Ihrem Unterbewusstsein steht, kommt es zu einem Konflikt.

Sie haben ein Bewusstsein, das sich zum Beispiel vornimmt: „Ich will Millionär werden." Doch in Ihrem Unterbewusstsein ist einprogrammiert, dass Geld stinkt und dass reiche Leute einen verdorbenen Charakter haben. Wenn Konflikte dieser Art auftauchen, gewinnt das Unterbewusstsein immer! Es kann Sie dazu bringen, Ihren Erfolg selbst zu sabotieren. (Und das geschieht in der Tat sehr oft.)

Um ein gesundes Ego zu entwickeln, müssen Sie Ihr Bewusstsein und Ihr Unterbewusstsein in Einklang bringen. Dazu ist es hilfreich, zunächst herauszufinden, wie man aus der richtigen Bahn geraten ist, und dann den Prozess einfach umzukehren.

Wenn ich überhaupt etwas über Erfolg und Wohlstand weiß, dann ist es, welcher Prozess Menschen zu Ergebnissen führt. Er besteht aus vier sehr einfachen, jedoch sehr tiefgreifenden Schritten:

1) Ihre tägliche Realität ist ein Ergebnis der täglichen Handlungen, die Sie bisher ausgeführt haben.
2) Ihre Gewohnheiten werden durch Ihr Unterbewusstsein bestimmt, das von Ihrem Selbstbild ausgeht.
3) Ihr Selbstbild ist das Resultat Ihrer grundlegenden Überzeugungen.
4) Ihre grundlegenden Überzeugungen sind das Resultat der Programmierung, der Sie ausgesetzt sind.

Es gibt drei Hauptquellen der Programmierung und der größte Teil davon ist negativ:
- Staat
- Organisierte Religion
- Datensphäre (Medien, soziale Medien, Freunde, Familie)

Jetzt kommt das wirklich Furchterregende...

Die meisten, wenn nicht gar alle Ihre grundlegenden Überzeugungen über Wohlstand wurden festgelegt, bevor Sie das Alter von zehn Jahren erreichten. Wenn Ihre Eltern dauernd stritten, formte dies Ihre Überzeugungen von zwischenmenschlichen Beziehungen. Wenn Ihr Vater Ihre Mutter betrog, festigte dies Ihre Überzeugungen von der Ehe. Ich würde mich trauen zu wetten, dass der Großteil der Programmierung, die Sie zum Thema Geld erhielten, der gewöhnlichen negativen Varietät entsprach. (Geld stinkt, es verdirbt den Charakter, reiche Leute sind böse, du wirst noch deine Seele für Geld verkaufen, es ist gut, arm zu sein usw.)

Was geschieht demnach?

Sie denken, dass Sie wirklich gern reich und erfolgreich sein möchten, doch unterbewusst glauben Sie, dass reiche Leute böse sind. Sie bewerben sich um eine bessere Stelle, eröffnen ein neues Geschäft oder beginnen etwas anderes, das Ihnen erstrebenswert erscheint.

Ihr Unterbewusstsein meldet sich sofort, um Ihr Ego zu beschützen. Es sagt Ihnen, dass Sie nicht einer von den bösen, gemeinen reichen Leuten sein wollen, und deshalb sollten Sie besser gleich damit aufhören, was Sie da tun. Es zwingt Sie dazu, Ihre Handlungen zu ändern, und Sie sabotieren Ihren eigenen Erfolg.

Millionen von Menschen auf der ganzen Welt sind in diesem selbstzerstörerischen Kreislauf der Selbstsabotage gefangen. Bewusst wollen sie den Erfolg, doch unbewusst denken sie, es sei falsch, es auch nur zu versuchen. Und Sie wissen ja, das Unterbewusstsein gewinnt immer.

Das Ego bietet einen sehr fruchtbaren Boden für das Wachstum von Zweifeln und Ängsten – oder Vertrauen und Glauben. Sie müssen derjenige sein, der das bestimmt. Damit sind wir wieder bei dem Grundsatz, dass Sie der Denker des Gedankens sein müssen, oder anders gesagt – Sie müssen bedenken, worüber Sie nachdenken. Sie müssen sich der Menschen um Sie herum und Ihrer Umgebung bewusst werden und darauf achten, welche Programmierung Sie von Ihnen erhalten.

Um Erfolg zu haben, müssen Sie ganz unten beginnen und sich nach rückwärts arbeiten. Sie müssen zunächst unter Kontrolle bekommen, welcher Programmierung Sie sich aussetzen. Das bedeutet manchmal, dass Sie Spielfilme, Programme und auch Menschen aussortieren müssen, denen Sie sich aussetzen. Und wenn Sie wissen, dass Sie negativ programmiert werden – müssen Sie bewusst mit etwas Positivem gegensteuern. Wenn der Großteil Ihrer Programmierung positiv ist, ändern sich Ihre grundlegenden Überzeugungen. Andere, kraftgebende Überzeugungen werden Sie ermutigen, sich höhere Ziele zu setzen und eine größere Vision für sich aufzustellen. Ihr Unterbewusstsein (Ego) wird Sie anleiten, tägliche Gewohnheiten anzunehmen, die Sie Ihrer Vision näher bringen. Und jene Handlungen werden zu besseren Ergebnissen führen.

Das Gleichgewicht halten…

Ein ausgewogenes Ego gerät nicht durch Komplimente oder Verurteilung aus der Fassung. Keines jener Extreme wird Sie übermäßig berühren. Wenn jemand Ihnen ein Kompliment macht, werden Sie es annehmen, sich darüber freuen und sich dafür bedanken. Wenn jemand Sie angreift, werden Sie es zur Kenntnis nehmen, kurz über die Quelle und die Motivation nachdenken und die Sache, wenn nötig, mit Ihrer Unterstützungsgruppe besprechen. In jedem der Fälle werden Sie aber weiterhin auf Ihr Ziel zugehen.

Die meisten Menschen zweifeln heutzutage an Ihrem Glauben und glauben an Ihre Zweifel. Seien Sie ein Querdenker.

Sobald Sie Ihr Ziel festgelegt haben und den Schritten folgen, über die wir gesprochen haben, wird Ihr Ego auf natürliche Weise Ihre Energie auf den Abschluss Ihrer Mission ausrichten. Dann geht es darum, Angstfaktoren und Zweifel aus dem Weg zu räumen.

Dazu gehört, dass Sie das Maß reduzieren, in dem Sie negativen Menschen ausgesetzt sind. Achten Sie auf die Meinungen anderer Menschen über Sie, aber lassen Sie es nicht zu, dass Sie sich deren einschränkende Meinungen selbst aneignen. Sie müssen auch mehr darauf achten, welchen Programmierungen Sie sich aussetzen. Sie müssen ein Querdenker sein und alles in Frage stellen.

Nur weil manche Menschen Titel, Bildungsabschlüsse und verantwortliche Stellungen haben, heißt das nicht, dass sie immer Recht haben. Oft liegen sie nämlich völlig falsch. Prüfen Sie immer die Prämissen.

Glauben Sie den Fluggesellschaften wirklich, wenn sie Ihnen sagen, dass Ihr Handy das Navigationssystem des Flugzeugs stört, aber die Telefonfunkverbindung für $ 2 die Minute, die sie Ihnen verkaufen wollen, nicht? Ich glaube das nicht.

Glauben Sie Ihrer Staatsregierung, wenn sie Ihnen sagt, dass sie die Umsatzsteuer nur vorübergehend erhöhen wird, um größere Sanierungsmaßnahmen zu bezahlen, und dass sie sie wieder herabsetzen wird, wenn die Maßnahmen abgeschlossen sind? Ich glaube das nicht.

Sie mögen denken, wenn eine Stadt jemanden mit dem Bauplan für ihren Flughafen beauftragen wolle, dann würde sie einen Architekten auswählen, der schon einmal auf einem Flughafen war. Doch Madrid in Spanien tat es nicht. (Ich konnte das bis zur Drucklegung zwar nicht bestätigt bekommen, aber ich glaube, dass die Fluggastbrücken von Madrid J.K.Rowling zur Idee mit den sich bewegenden Treppen von Hogwarts inspiriert haben.)

In den Siebzigern sprach Mick Jagger seine berühmte Warnung aus: Trau keinem über 30! Er selbst ist jetzt mehr als doppelt so alt, und noch immer vertraue ich ihm mehr als der Regierung. (Wenn ich es mir so recht überlege – diese Flashbacks, die man mir damals versprochen hat, habe ich auch nie gekriegt!)

Führungskräfte von Fluggesellschaften glauben, dass ein System mit Verkehrsknotenpunkten und Nebenflughäfen sich für die Organisation des Flugverkehrs eignet. Sie glauben daran, weil es sich jemand erdacht hat, irgendeine Fluggesellschaft hat es dann in die Praxis umgesetzt und viele andere haben es ihr nachgemacht. Doch es gibt bisher keine vernünftigen Beweise dafür, dass sich das System finanziell trägt.

Sie mögen denken, ein Fliesenleger würde prüfen, wo die Wasserleitungen und Stromkabel verlaufen, bevor er teure italienische Fliesen an der Wand befestigt. Doch wenn Sie das glauben, kennen Sie nicht den Fliesenleger, den ich mir ins Haus geholt habe.

Nur weil jemand an der Uni war, viele Bücher über Wirtschaftstheorien gelesen hat und schließlich einen Doktortitel in Wirtschaftswissenschaften erworben hat, bedeutet das nicht, dass dieser Mensch versteht, was wirklich in der Welt abläuft. Leute, die Ihre eigene Kreditkarte nicht abzahlen können, sollten nicht die Finanzpolitik eines Landes bestimmen.

Werden Sie nicht zynisch. Zyniker ziehen keinen Erfolg an. Aber seien Sie bereit, skeptisch zu sein. Skeptiker sind kritische Denker; sie erkennen leicht negative Eingaben und lehnen sie ab. Skeptiker erkennen Chancen, die andere übersehen. Analysieren Sie all die Programmierungen, die auf Sie einwirken, auch die von Seiten Ihrer Familienmitglieder und Freunde.

Es ist unausweichlich, dass Sie einer Menge negativer Programmierungen ausgesetzt sein werden. Gerade deshalb ist es wichtig, dass Sie darauf achten und eine größere Menge an positiver Programmierung in Ihren Kopf hineinbringen, um eine ausbalancierte Geisteshaltung zu haben. Dazu gehört, dass man etwas unternimmt, wie etwa eine gute Mastermind-Gruppe zu finden, Autosuggestion mit Affirmationen zu betreiben und sich Kollagen von Wunschbildern zusammenzustellen. Dazu gehört auch das Lesen, Ansehen oder Anhören von kraftgebenden und inspirierenden Büchern, Videos und Audioaufnahmen. Angst und Glaube können nicht gleichzeitig nebeneinander existieren. Wenn Sie Angst verspüren, bekennen Sie sich zum Glauben. Die Manifestation des Wohlstands ist ganz einfach:

1. Pflanzen Sie Samen durch positive Programmierung.
2. Bewässern Sie sie mit Wiederholung.
3. Ernten Sie.

Das Ego jedes Menschen verändert sich von Tag zu Tag. Ihres verändert sich zum Besseren oder zum Schlechteren auf Grund der Art Ihrer Gedanken. In seinem Buch *Heile deine Gedanken* nutzt James Allen die Analogie, dass unser Geist wie ein Garten ist, der intelligent kultiviert werden kann oder den man verwildern lässt. In jedem Fall wird er sich verändern.

Wenn Sie Ihren Garten bepflanzen und pflegen, wird er Blumen und Früchte produzieren, eben die Dinge, die Sie heranzüchten. Wenn Sie keine besonderen Samen pflanzen, werden Tiere, der Wind und andere Elemente zufällig Dinge in den Garten fallen lassen, die eine Fülle von Unkraut und Wildwuchs hervorbringen, und die Nutzpflanzen werden davon erstickt. Doch eines ist sicher – irgendetwas wird in Ihrem Garten wachsen.

Genauso wie ein Gärtner seinen Garten pflegen und das Unkraut bekämpfen muss, müssen auch Sie den Garten Ihres Geistes pflegen und Gedanken an Mangel, Begrenzung und

Negativität ausmerzen. Sie müssen die Gedanken an Glück, Erfolg und Sinnvolles hegen und pflegen.

Wenn Sie diese Art von Gartenarbeit praktizieren, werden Sie bald feststellen, dass Sie ein Meistergärtner Ihres Erfolgs sind. Sie werden die tiefgreifende Entdeckung machen, dass Sie nicht Opfer Ihrer Umstände sind – sondern deren Architekt. Denn es sind die Gedanken, denen Sie Vorzug geben, die Ihren Charakter formen, Ihre Umstände gestalten und Ihr letztendliches Schicksal bestimmen.

Kontrollieren Sie die Gedanken, denen Sie Vorzug geben, und Sie werden Ihren Zielen immer näher kommen. Sie werden ein ausgewogenes Ego haben, das für den Erfolg eingesetzt werden kann!

Sopranarie:

Egoismus ist die neue Selbstlosigkeit

Hier ist etwas, was man Ihnen wahrscheinlich nicht in der Sonntagsschule ... oder der Wirtschaftsschule ... beigebracht hat.

Ihr höchstes moralisches Ziel muss Ihr eigener Erfolg und Ihr eigenes Glück sein.
Wenn Sie glauben, ich wolle Sie dazu verleiten, Ihre Seele zu verkaufen, andere auszubeuten oder ein Narzisst zu werden, liegen Sie auf dem Holzweg. Ich sage aber, dass Ihren eigenen Erfolg und Ihr eigenes Glück zu Ihrem höchsten Lebensziel zu machen die einzige gesunde und vernünftige Lebensweise darstellt. Es ist auch die einzige Weise, die das Überleben unserer Art und das Wohl der meisten Menschen sichert. Es ist in der Tat das einzig ehrenhafte Verhalten in jeder zwischenmenschlichen Beziehung beruflicher oder privater Natur.

Das Beste für sich selbst zu bekommen muss die Grundlage Ihres Wertesystems bilden. Das Leben so zu führen, wie Sie es führen wollen, nach Ihren eigenen Regeln und zu Ihrem eigenen Vergnügen. Alles, was diesem Standard nicht genügt, ist schädlich für Sie. Und alles, was dem Einzelnen schadet, ist im Endeffekt schädlich für die ganze Gesellschaft.

Das bedeutet nicht, dass Sie nicht manchmal Ihre eigenen Bedürfnisse denen anderer Menschen opfern oder unterordnen, zum Beispiel in einer Beziehung oder wie es Eltern recht häufig für ihre Kinder tun. Zu einem Problem wird es nur dann, wenn das zur Norm wird – wenn Sie denken, dass anderen zu dienen und zu helfen wichtiger ist, als sich selbst zu helfen. Es ist ein sicheres Zeichen von geringer Selbstwertschätzung, von Würdigkeitsproblemen und von schädlichen Geistesviren. Und es ist der schnellste Weg zu einem Leben in einer Opferrolle, voller Verbitterung und Frustration.

„Um geben zu können, muss man erst etwas haben."

Mutter Teresa

Wenn Sie sich Ihren eigenen Erfolg und Ihr eigenes Glück zum Ziel setzen, haben Sie einen produktiven – und moralischen – Grund zur Existenz. Und das Wichtige dabei ist ...

Wenn jeder dasselbe täte, wäre die Welt viel schöner! Statt Dysfunktion, Verdorbenheit und Co-Abhängigkeit hätten wir gesunde, funktionierende und gleichberechtigte Beziehungen. Keiner würde vom anderen verlangen, sich aufzuopfern. So werden gesunde zwischenmenschliche Beziehungen geführt, gesunde Handlungen vollbracht und Geschäfte mit Integrität durchgeführt.

Wenn Sie mir sagen, das Beste für Sie sei, anderen Menschen oder gar Gott zu dienen, denke ich, Sie haben eine Schraube locker. Meiner Erfahrung nach sind diejenigen, die herumlaufen und die Welt retten wollen, die verkorkstesten Menschen, die man finden kann. Es ist normalerweise Verdrängungsverhalten, damit sie sich nicht mit ihren eigenen Problemen beschäftigen müssen. Sie laufen herum und halten Ausschau nach Dramen, damit ihnen keine Zeit bleibt, um ihrem eigenen Drama ins Auge sehen zu müssen.

Dem flüchtigen Beobachter erscheinen sie als altruistische Heilige. Diejenigen, die es besser wissen, erkennen in ihnen die urteilenden, unsicheren Drama-Magneten, die sie wirklich sind. In ihrem Innersten suchen sie verzweifelt nach Bestätigung und Akzeptanz. Sie glauben, wenn sie genug andere Menschen retten, werden sie irgendwie die

Selbstachtung bekommen, die ihnen fehlt. Das wird nicht klappen.

Sie müssen sich wohl in Ihrer Haut fühlen. Kein anderer Mensch kann Ihnen dieses Gefühl geben. Versetzen Sie sich in eine Position der Stärke und Sie werden sich wundern, wieviel Gutes Sie vollbringen können.

Natürlich werden Sie entdecken, dass Sie das Gute aus egoistischen Gründen tun...

Wenn Sie Ihr Leben nach den Prinzipien führen, über die wir hier sprechen, werden Sie sehr wohl anderen helfen und zu wohltätigen Zwecken beitragen. Ich hoffe sehr, dass Sie das tun werden. Bei mir persönlich sind Spenden für wohltätige Zwecke seit 15 Jahren der größte Abzugsposten auf meiner jährlichen Steuererklärung. Und ich gehe davon aus, dass es für den Rest meines Lebens so bleiben wird. Doch für mich müssen stets drei Kriterien erfüllt sein:
  1. Die Person oder Organisation muss es wert sein, unterstützt zu werden.
  2. Ich muss es mir leisten können.
  3. Es muss mir Freude machen.

Allein das bestimmt, für wen oder was oder wo ich mein Wohltätigkeitsgeld einsetze. Es hat bestimmt nichts damit zu tun, wer der „Bedürftigste" ist oder welche Zwecke politisch korrekt sind.

Ich unterstütze eine große Anzahl von guten Zwecken. Die Oper, Heime für jugendliche Ausreißer, das Symphonieorchester, meine Kirche, Tierschutzorganisationen, Vorbeugung und Behandlung von Krankheiten, Obdachlosenheime und Stipendien. Ich spende für Computer für werdende Unternehmer, Bühnenkostüme für aufstrebende Sänger und Kampfkunstkurse für Pflegekinder. Ich gebe Geld weg für Universitätsstipendien, Sponsorenschaften für

Amateursportvereine und Festtagsgeschenke für hunderte von Kindern, die sonst keine bekommen würden.

Doch ich tue das alles aus rein egoistischen Gründen – weil es mir Freude macht.

Und das ist das Ende der Geschichte. Sie wissen selbst ganz genau, was Ihnen Freude macht und was Ihrem Lebenszweck dienlich ist, und der höchste Zweck ist ein glückliches Leben. Das bedeutet, dass Sie akzeptieren müssen, dass Sie glücklich sein sollen und dass Sie darauf hinarbeiten sollen, und dass Sie sich nicht dessen zu schämen brauchen, dass Sie es ablehnen, Schuld auf sich zu nehmen, die man Ihnen zuschieben will.

Das darf nicht mit Hedonismus verwechselt werden. Die Philosophie des Hedonismus geht davon aus, dass nur das Angenehme oder das, was angenehme Folgen hat, von Natur aus gut ist. Die Psychologie des Hedonismus sagt aus, dass jedes Verhalten vom Verlangen nach Freude und der Vermeidung von Schmerz motiviert ist. Ich bin kein Befürworter dessen.

Immer nur lüstern das Vergnügen zu suchen, ohne auf die Konsequenzen zu achten, wird Sie nicht glücklich machen. Im Gegenteil, dieser Kurs wird Sie sicherlich ins Unglück stürzen. Diese Art von sofortiger Gratifikation und Maßlosigkeit wird Sie vom Erfolg wegleiten, nicht zum Erfolg hinführen.

An dieser Stelle kann der beginnende Erfolg suchende sehr verwirrt werden…

Denn obwohl wir davon sprechen, Dinge für ein übergeordnetes Wohl zu tun, sprechen wir nicht davon, selbstlos zu sein. Wir sprechen sogar vom Gegenteil. Wir sprechen davon, egoistisch zu sein.

Ayn Rand ist für ihre erstaunlichen Werke bekannt, *Atlas Shrugged* und *The Fountainhead*. Doch ihr einsichtsvollstes Buch ist wahrscheinlich das weniger bekannte *The Virtue of Selfishness: A New Concept of Egoism. (Die Tugend der Selbstsucht: Ein neues Konzept des Egoismus.)* Es wurde 1964 veröffentlicht und ist eine Sammlung von Abhandlungen, die ineinander verwoben wurden. Sie vermitteln Einsichten zur Philosophie des Objektivismus, der Natur einer ordentlichen Staatsführung, dem Egoismus als einem rationellen Code der Ethik und der potentiell dunklen Seite des Altruismus.

Rands Charakterisierung der Selbstsucht als eine Tugend sorgte sofort für Kontroversen. Als sie gefragt wurde, warum sie das Wort Selbstsucht in einem solchen Kontext gewählt hatte, antwortete sie dem Fragenden, dass sie es genau aus dem Grund getan hatte, der ihm Schrecken einjagte. In der Einleitung des Buches wies Rand darauf hin, dass das Wort Selbstsucht normalerweise nicht verwendet würde, um tugendhaftes Verhalten zu beschreiben. Doch sie bestünde darauf, dass diese Verwendung dem Begriff eine richtigere Definition zuweise, im Sinne des „Suchens nach der Befriedigung seiner eigenen Interessen". Wie Rand verwende auch ich das Wort selbstsüchtig zur Beschreibung von tugendhaften Charaktereigenschaften. Ich finde, es heißt, dass man sich selbst zuerst würdigt, unabhängig davon, was andere Leute denken. Beachten Sie, dass diese Definition nichts über Gut oder Böse aussagt. Sie sagt einfach aus, dass Sie darauf eingestellt sind und sensibel genug sind, um Ihre eigenen Bedürfnisse zuerst zu erfüllen.

Das ist natürlich nicht das, was Ihnen die meisten Leute einreden wollen...

Die Bewegung des Kollektivismus, die heutzutage um die Welt fegt, will Sie glauben machen, dass es aus moralischer Sicht unerlässlich ist, die Interessen vieler vor die Bedürfnisse des Einzelnen zu stellen. Dass Sie sich für das „übergeordnete Wohl" aufopfern sollen. Diese Idee mag oberflächlich gesehen gut erscheinen, doch sie ist in Wirklichkeit gefährlich und wird Sie vom Erfolg weglenken, statt Sie zum Erfolg hinzuführen. Und zwar deshalb, weil „wir" alle das höchste Wohl sind.

Selbstaufopferung ist mehr als nur eine Wurzel geringer Selbstachtung; sie ist gegen das freie Unternehmertum und demzufolge gegen die Menschlichkeit gerichtet. Wenn durch wohlgemeinte, aber letztendlich bösartige Sozialhilfeprogramme die Lebensenergie aus produktiven Bürgern gesaugt wird, bleibt kein Anreiz mehr übrig, um produktiv zu bleiben. Jegliche Innovation und Weiterentwicklung hört auf und jeder ist ein Verlierer.

Millionen von Geistesviren werden von den Medien, der organisierten Religion und dem Staat in Umlauf gesetzt und schwirren herum, und sie reden Ihnen ein, selbstlos zu sein und sich um andere zu kümmern. Und wenn Sie sich auf diese verrückte Philosophie einlassen, sind Sie zu einem Leben voller Mangel, Armut und Frustration verurteilt. Einem Leben der unerfüllten Träume und der fügsamen Mittelmäßigkeit. Sie müssen anders denken. Ganz anders.

Ein Leben der Selbstaufopferung lässt anderen freie Hand, Sie auszunutzen, und wenn Sie das lange genug durchgehen lassen, kann es schließlich Ihr Leben zerstören. Ihr Leben hat so keinen anderen Sinn als nur andere zu beschwichtigen und ihre Anerkennung zu suchen – die Sie nur erlangen können, wenn Sie Ihr eigenes Glück aufgeben. Das ist doch krank, verkorkst und dysfunktional.

Jedes Mal, wenn ich darüber spreche, kommt jemand mit dem Argument von Mutter Teresa, Gandhi und ähnlichen Leuten daher, als ob das in irgendeiner Weise die Logik meiner Behauptung widerlegen würde. Das tut es nicht. Sowohl Mutter Teresa als auch Gandhi handelten in völliger Harmonie mit ihren eigenen Werten und ihrem

Selbstgefühl. Und wie man sehen kann, hat ihre „Selbstsucht" Millionen von Menschen geholfen.

Wenn Sie Ihren Hauptzweck im Leben darin sehen, anderen zu dienen, haben Sie eine extrem geringschätzige Meinung von sich selbst, Sie glauben nicht, würdig zu sein, und Sie werden eine ungeheure Menge von Mangel und Begrenzungen in Ihrem Leben erfahren. Ganz abgesehen davon, dass Sie wahrscheinlich höchstpersönlich für die Einrichtung von mindestens drei neuen Selbsthilfegruppen der Anonymen Co-Abhängigen verantwortlich sein werden!

Wahnsinn ist die Abwesenheit der Vernunft oder des gesunden Menschenverstands. Wir können es bestimmt als Unzurechnungsfähigkeit bezeichnen, wenn eine Person nicht in der Lage ist, eine zwischenmenschliche Beziehung zu führen und dabei ihre eigenen Bedürfnisse nach emotionalem Wohlbefinden und Überleben zu berücksichtigen. Menschen, die ihre Existenz dafür opfern, sich um die Bedürfnisse anderer zu kümmern und nicht um ihre eigenen, sind nicht edelmütig, wohltätig oder spirituell. Sie sind einfach nur verrückt. Ich zitiere gern Jack Nicholson in seiner Rolle des Melvin Udall im Spielfilm *Besser geht's nicht*:

„Verkaufen Sie Ihren Schwachsinn woanders. Wir sind hier bestens versorgt!"

Leute, die nicht zuerst ihre eigenen Bedürfnisse stillen, können anderen nicht auf gesunde Weise helfen. Sie können sie trösten, an ihrem Drama teilnehmen oder ihre Co-Abhängigkeit bestätigen, aber sie können ihnen keine echte, sinnvolle Hilfe anbieten.

Wollen Sie die Welt retten? Gut, denn sie braucht jede Hilfe, die sie bekommen kann. Beginnen Sie damit, sicher zu stellen, dass Ihre eigenen Bedürfnisse zuerst befriedigt werden. Schaffen Sie das Geldproblem aus dem Weg.

Bringen Sie sich in eine Position der Stärke – und Sie werden sich wundern, wieviel Gutes Sie tun können!

Ihr Lebenszweck kann Sie voranbringen ...

Zu Anfang besteht der Zweck Ihres Lebens nicht darin, Gott zu dienen oder die Welt zu retten. (Obwohl das zu einem anderen Zeitpunkt der Fall werden könnte.) Ihr Zweck muss es sein, den Weg zur Erreichung Ihres Potentials zu verfolgen. Das ist, nebenbei gesagt, auch der *beste* Weg, Gott zu dienen, denn es ist das, was Gott am meisten von Ihnen und für Sie will. Ihr Zweck muss beinhalten, dass Sie Ihre eigenen Bedürfnisse zuerst stillen und sich zu dem bestmöglichen Menschen entwickeln, der Sie sein können.

Das heißt nicht, dass Sie andere Menschen benutzen oder ausnutzen dürfen oder dass Sie einfach nur alles an sich reißen sollen, was Sie haben wollen. Es geht darum, dass Sie sicherstellen, dass Ihre Bedürfnisse erfüllt werden und dass Sie Ihren Weg gehen und schauen, wo er Sie hinführt. Und wie Sie aus den vorhergehenden Akten wissen, bestehen die größten Gelegenheiten darin, die Probleme anderer Menschen zu lösen.

Finden Sie Ihren Weg

Um Erfolg zu erlangen, müssen Sie den Weg finden, den zu gehen Ihnen vorbestimmt ist. Es geht um eine bestimmte Herausforderung, die Sie annehmen und bewältigen sollen. Das ist jedoch nur der erste Schritt ...

Sobald Sie jene Herausforderung bewältigt haben, wird sich die nächste zeigen. Doch jene neue Herausforderung wird sich erst dann zeigen, wenn Sie für die erste überqualifiziert sind. Erfolg ist einfach ein fortlaufender Prozess des Bewältigens von Herausforderungen.

Es geht nicht um Urteilen und Vergleichen. Ihr erster Weg mag Sie vielleicht dahin führen, den Bedarf Ihres

Eine Rockoper in vier Akten

örtlichen Pizza-Ladens nach einem Auslieferungsfahrer zu decken. Beginnen, wo Sie jetzt sind, und entwickeln Sie sich dann weiter. Je mehr Ihr Bewusstsein wächst, umso größer werden Ihre Herausforderungen.

Wenn Sie an einem Punkt in Ihrem Leben angelangt sind, an dem Sie unsicher sind, welcher Weg für Sie der Richtige ist, suchen Sie nach Anhaltspunkten, indem Sie sich folgendes fragen:

Was mag ich gern?

Was bringt mich zum Weinen?

Welche Ungerechtigkeit will ich aus der Welt schaffen?

Herauszufinden, was Ihnen wirklich am Herzen liegt, bietet Ihnen ausgezeichnete Anhaltspunkte dafür, wohin Ihr Weg Sie führen könnte. Fairerweise muss ich Sie jedoch auch vor dem warnen, was geschehen könnte, sobald Sie Ihren Weg finden:

Er wird vielleicht Opfer von Ihnen verlangen. Das ist meistens so. Das Universum wird prüfen, ob Sie es ernst meinen. Man wird Sie vielleicht sogar angreifen, lächerlich machen oder ausgrenzen, weil Sie diesen Weg gehen. Wenn ALLE diese Dinge geschehen – haben Sie wahrscheinlich wirklich Ihren richtigen Weg gefunden!

Je mehr Ihre Herausforderungen wachsen, umso mehr verdichten Sie sich zu Ihrem Lebenszweck, und der Zweck Ihres Lebens bringt Sie voran. Jedes Problem existiert nur, weil eine Möglichkeit existiert. Gäbe es keine Möglichkeit – gäbe es auch kein Problem. *Und das ist der Punkt, an dem ein wichtiger Prozess einsetzt: die Bewegung vom Selbst-Bewusstsein zum kosmischen Bewusstsein.*

Wir alle fangen beim Selbst-Bewusstsein an. Der Fokus liegt dabei auf Ihnen und Ihrer Persönlichkeit, die geschützt werden muss, koste es, was es wolle.

Sie sind ein Sklave des Verlangens und wollen sofortige Gratifikationen. Sie streben nach der nächsten Gehaltserhöhung, der nächsten Beförderung, dem nächsten Job. Auf dieser Ebene bedeutet Selbstsucht, etwas zu bekommen, bevor jemand anderer es bekommt.

Wenn Sie täglich an sich arbeiten, wird Ihr Bewusstsein vom Selbst-Bewusstsein zum kosmischen Bewusstsein anwachsen. Auf dieser Ebene haben Sie gelernt, Ihre Verlangen zu beherrschen und Sie genießen die Reise.

Es ist nicht so, dass Sie sich jedes Vergnügen vorenthalten würden, aber es ist nicht mehr das letztendliche Ziel. Es hat sich transmutiert. (Wie wir es im Abschnitt über die sexuelle Energie erläutert haben.) Sie erhalten die Gratifikation, aber sie ist nun rein und wird durch die richtigen Gedanken und Taten erfahren. Sie erfüllen nun Ihre eigenen Bedürfnisse und sind infolgedessen in der Lage, vielen anderen zu helfen. Sie graduieren zum Dienen und Beitrag leisten – durch das Prisma der Selbstsucht. Doch es ist eine erleuchtete Selbstsucht.

Auf dieser Ebene macht es Ihnen eine größere Freude, eine Oper zu sponsern, als es Ihnen Freude machen würde, sich einen Ferrari zu kaufen. Sie kaufen sich den Ferrari vielleicht trotzdem, doch Ihre Freude an ihm wird noch größer dadurch, dass Sie ihn zur Galavorstellung der Opernproduktion fahren, die Sie gesponsert haben.

Bei Unternehmen ist diese Ebene erreicht, wenn sie darüber hinausgehen, nur die Gewinne des letzten Jahres übertrumpfen zu wollen, und stattdessen nach Wegen suchen, wie sie weiter wachsen und dabei die Umwelt schützen, die Arbeitsbedingungen verbessern, kritische Denker belohnen und Innovationen fördern können. Wenn Menschen und Unternehmen selbstsüchtig denken, produzieren sie letztendlich mehr, das Wert hat.

Ian Percy schreibt noch etwas Interessantes in seinem Buch *The Profitable Power of Purpose:* „Sie brauchen bei allem, was Sie tun, sowohl die Ökonomie (Geld) als auch die Ökologie (Bedeutung). Ich bin der Meinung, dass Sie vor allem eine ökologische Zielsetzung brauchen. Die Bedeutung macht das, was auch immer Sie tun, wert, getan zu werden.

Es ist die Bedeutung dieser Tätigkeit, die Sie beflügelt und Ihre Augen zum Leuchten bringt. Sie ist es, die das ganze Unternehmen vereint und dazu inspiriert, etwas Großes und Transformatives zu tun. Es ist, als würde man sich in seine Arbeit verlieben und als würde Ihre Arbeit diese Liebe erwidern. Sie haben nicht nur ein Ziel im Auge, das Ziel hat auch Sie im Auge."

Wenn Ian mit Unternehmen arbeitet, ist seine erste Ermahnung ganz einfach: *Sie können keine Spitzenleistungen erzielen, wenn Sie nicht zuerst einen spitzenmäßigen Zweck haben.* Für einzelne Menschen wie für Unternehmen – und Unternehmen sind nichts anderes als Menschen, die zusammenarbeiten – bewirkt ein erleuchtetes Eigeninteresse bei der Verfolgung eines Zweckes wahre Wunder.

Beim Streben nach Erfolg werden Sie irgendwann an einem Punkt ankommen, wo keine Menge an Autos, Geld oder Häusern Sie mehr zufriedenstellen kann. Das geschieht, weil Geld und materielle Dinge einen nicht glücklich machen. Geld und materielle Dinge ermöglichen Ihnen, sich auszudrücken, und Selbstdarstellung macht glücklich.

Doch wenn es bei Ihrer Selbstdarstellung nur um Sie selbst geht und darum, um wieviel besser Sie sind als andere, ist das nur ein sehr dürftiger Sieg. Sie werden eine Stufe erreichen, wo es Sie nach etwas Bedeutungsvollerem dürstet. Sie werden verstehen, dass es beim Wohlstand nicht wirklich darum geht, Erfolge zu verbuchen, sondern darum, ein erfolgreiches Leben zu führen.

Selbst Unternehmen erreichen eine Stufe, auf der Erfolg mehr ist als bessere Dividenden, ein größerer Marktanteil und das Zunichtemachen der Konkurrenz. Unternehmen übernehmen die Kultur ihrer Führungskräfte, und je mehr das Bewusstsein der Führungskräfte sich weiterentwickelt, umso mehr entwickelt sich die Unternehmenskultur weiter.

Der Weg zum Wohlstand macht einen natürlichen Übergang vom Erfolg zur Bedeutsamkeit.

Das ist die Reise vom Selbst-Bewusstsein zum kosmischen Bewusstsein. Große Lehrer aus vielen Zeitaltern lehrten dies, auch wenn sie unterschiedliche Worte dafür gebrauchten:

Emerson: Überseele
Jesus: Himmelreich
Buddha: Nirwana
Lao-Tze: Tao
Satha Sai Baba: Der Pfad der Liebe

Sie alle beschreiben die Veränderung des Bewusstseins, wie es sich in einem Menschen entwickelt, der erleuchtetes Eigen-Interesse praktiziert. Sie suchen Erfüllung, doch nicht um ihrer selbst willen. Sie suchen fortwährend Herausforderungen und neue Errungenschaften, denn dies sind die nächsten Schritte zu ihrer natürlichen Evolution.

Für Menschen auf dieser Stufe der Erleuchtung ist Mittelmäßigkeit eine Sünde.

Nicht eine Sünde, wie sie die meisten Menschen definieren, sondern eine Sünde im ursprünglichen Sinne des Wortes laut der Bibel: „das Verfehlen des Ziels". Ihr Ziel ist es, im Leben Ihr volles Potential zu nutzen. Menschen mit einem erleuchteten Bewusstsein fühlen sich zu größeren Errungenschaften und exzellenten Leistungen hingezogen, denn wenn sie sich mit weniger zufrieden geben würden, würden sie ihre Gaben verleugnen und sich von ihrer eigenen Großartigkeit abkehren.

Jeder wird mit diesem Bewusstseinszustand geboren.

Leider lassen es viele zu, dass negative Programmierung ihre Urteilsfähigkeit vernebelt und ihre tiefsten, grundlegenden Überzeugungen verändert. Deshalb geht es bei einem so großen Teil meiner Arbeit mit Menschen eher darum, Erlerntes wieder zu verlernen, statt Neues zu erlernen. Ich glaube, wir alle wissen tief in unserem Inneren, dass unsere Großartigkeit existiert und nur darauf wartet, aufgerufen zu werden. Und das ist das allergrößte Risiko, das Sie jemals eingehen werden: es zu wagen, großartig zu sein!

Eine Rockoper in vier Akten

Die Party danach:

Gleichheit schafft Gemütlichkeit.
Unterschied schafft Möglichkeit.

Während ich dieses Buch schrieb, habe ich gelegentlich einige Auszüge in meinem Blog und in die Feeds der sozialen Medien gepostet und habe um Feedback gebeten. Einige der Leute, die meine Arbeit schon seit langer Zeit verfolgen, waren recht verwirrt über den Gegenstand, den ich gewählt habe. Eine nicht gerade kleine Anzahl von Leuten stellten die faszinierende Frage: Warum schreibt ein Typ, der angeblich ein Wohlstands- und Erfolgs-Guru ist, ein Buch mit all dieser Schwarzmalerei?

Das ist eine berechtigte Frage angesichts des Wenigen, das sie bisher gelesen haben. Schauen wir es uns einmal an. Bisher haben wir folgendes erläutert:

- Zerstörerische Technologie wird Millionen von Arbeitsplätzen vernichten.
- Sie könnten bald von einem Tier oder gar einem Klon ersetzt werden.
- Ihre Staatsregierung wird offenbar mit der Ethik eines Ponzi-Schemas geleitet.
- Es könnte eine neue Weltordnung geben.
- Alles, was man Ihnen über das Ego gesagt hat, ist falsch.
- Selbstsucht ist gut. Und:
- Auf uns kommen umwälzende Veränderungen zu.

Das alles sind ziemlich weltbewegende, bewusstseinsverändernde Dinge. Manche Menschen werden all diese Veränderungen mit Angst und Bangen betrachten. Doch wie Sie mittlerweile wahrscheinlich festgestellt haben, bieten diese Veränderungen tatsächlich die größten Chancen, zu Wohlstand zu kommen, die es in der Geschichte der Menschheit bisher je gegeben hat.

Wir leben jetzt in dem faszinierendsten, außergewöhnlichsten und, ja, auch problematischsten Zeitalter, das es je gegeben hat. Und in diesen Problemen liegen die lukrativsten Geschäftsgelegenheiten.

Es hat nie eine bessere Zeit gegeben, um zu leben. Wirklich. Es hat nie bessere Gelegenheiten gegeben, um Erfolge zu erringen. Wirklich. Doch sicherheitsorientiertes, konventionelles Denken bringt nichts mehr. Wenn Sie in dieser neuen Umwelt den Durchbruch schaffen wollen, steht es außer Frage, dass das Pochen auf Sicherheit in Wirklichkeit recht gefährlich ist. Sie müssen wagemutig sein und den Rahmen sprengen. Gleichheit schafft Gemütlichkeit. Unterschied schafft Möglichkeit.

Suchen Sie die Herausforderung. Stellen Sie fest, welche Probleme auftreten werden und wer ihnen gegenüberstehen wird. Denn darin liegen die größten Gelegenheiten für Querdenker, kritische Denker und risikobereite Menschen.

Als Nächstes halten Sie Ausschau nach Leverage-Möglichkeiten...

Der Begriff Leverage kommt vom englischen Begriff für einen Hebel, also ein Werkzeug, das sich auf einen festen Drehpunkt stützt und verwendet wird, um einen Gegenstand, der sich an einem zweiten Punkt befindet, zu bewegen, indem an einem dritten Punkt eine Kraft einwirkt. Beim Wohlstandsaufbau verwenden wir Leverage, um aus einer kleinen anfänglichen Investition von Geld, Zeit oder Mühe eine hohe Rendite zu ziehen. Leverage ermöglicht Ihnen, Ihren Wohlstandsaufbau auf dieselbe Weise zu beschleunigen, wie Zinsenzinsen Ihr Sparkonto anwachsen lassen.

Geschäfte, bei denen man Leverage einsetzen kann, sind immer bessere Vehikel für den Aufbau von Wohlstand als lineare Geschäftsstrategien.

Ob Sie Immobilien als Hebel für Ihr Geld nutzen oder Network Marketing als Hebel für Ihre Zeit, oder ob Ihr Hebel Ihr Wissen ist, das Sie als Unternehmer im Informationsbereich einsetzen – Sie beschleunigen das Tempo des Wohlstandsaufbaus, weil, wenn sonst alles gleich ist, Leverage immer das Verkaufen von Arbeitsstunden für Geld schlagen wird.

Fleißige Arbeit ist gut. Doch wenn Sie fleißig in einem traditionellen Arbeitsverhältnis arbeiten, werden Sie wahrscheinlich immer fast pleite sein und es gerade noch schaffen, Ihre Lebensunterhalt zu bestreiten, aber Sie werden sich keinen Wohlstand aufbauen. Es gibt Millionen von Arbeitsplätzen – und Millionen von Unternehmen – die beweisen, dass fleißige tägliche Arbeit nicht reich macht. Man tauscht Stunden gegen Geld ein, und der Tag hat eben nur eine begrenzte Anzahl von Stunden.

Wenn Jimmy Buffet nur dann Geld bekäme, wenn er *Margaritaville* live singen würde, könnte er nie den Lebensstil genießen, den er sich geschaffen hat, indem er das Lied einmal aufgenommen und millionenfach verkauft hat. J.K. Rowling und Oprah Winfrey wurden nicht zwei der reichsten Frauen auf Erden, indem sie körperliche Arbeit gegen ein Gehalt eintauschten. Sie nutzten ihre Kreativität und nutzten auf brillante Weise die Macht von Leverage, der Hebelwirkung.

Sehen Sie sich also nach Problemen um, die auf Lösungen warten, werden Sie ein kritischer Denker, um sie zu lösen, und achten Sie auf Möglichkeiten für Leverage. Doch um ein wohlhabender Mensch zu werden oder ein erfolgreiches Geschäft aufzubauen, ist noch eines nötig...

Eine neue und andere Ebene des Denkens.

Ein Querdenker zu sein hilft sicher weiter, und genauso hilft es, Trends zu verstehen und den Unterschied zwischen harten und weichen Trends zu erkennen. Sie müssen bedenken, welche Muster zyklisch oder linear verlaufen. Wenn Sie diese Informationen nutzen und kritisch nachdenken, können Sie einige ziemlich sichere Annahmen darüber aufstellen, was die Zukunft bringen wird.

Doch da ist noch mehr. Worüber wir hier wirklich reden, kann am besten als **Wohlstandsbewusstsein** bezeichnet werden. Und das ist eine geistige Einstellung. Es ist eine geistige Einstellung, die von Fülle genährt wird, nicht von Mangel. Es ist nicht die geistige Einstellung der meisten Menschen, die von der Angst vor Verlust geprägt ist, sondern eine Einstellung, die eine Fülle von Möglichkeiten sieht.

Die vielen Jahre, die ich mit dem Studium der Prinzipien des Wohlstands verbracht habe, haben mich zu einer faszinierenden Erkenntnis geführt:

Gesunde Menschen denken anders als kranke Menschen; glückliche Menschen denken anders als deprimierte Menschen; und wohlhabende Menschen denken anders als Menschen, die kein Geld haben.

Gesunde Menschen haben mehr Energie und finden es leichter, Sport zu treiben. Sie ernähren sich gesünder und verspüren daher weniger physiologisches Verlangen nach schlechtem Essen. Menschen, die sich einer guten Gesundheit erfreuen, haben ganz andere Ansichten über Dinge wie Ernährung, Bewegung und Süchte als Menschen, die krank sind.

Glückliche Menschen stehen genauso Problemen gegenüber wie Menschen, die deprimiert sind. Doch alles, was geschieht, hat nur die Bedeutung, die wir ihm zuweisen. Deprimierte Menschen sehen ein Problem vielleicht als unüberwindbares Hindernis, während glückliche Menschen es als einen Weckruf des Universums betrachten, der sie auffordert, ihren Kurs zu korrigieren.

Nehmen Sie die gleiche Geschäftsidee und bieten Sie sie einem mittellosen Menschen und einem wohlhabenden Menschen an, und ich garantiere Ihnen, die beiden werden sie völlig anders sehen. Als ich arm war, betrachtete ich alles durch die Brille der Geistesviren, mit denen ich infiziert war. Egal, welche Geschäftsidee meinen Weg kreuzte, ich war überzeugt, dass man Geld braucht, um Geld zu machen, dass man Bildung braucht, Leute kennen muss usw. Man konnte mir jede beliebige Idee vorsetzen und ich konnte sofort 15 Gründe aufzählen, warum sie nicht funktionieren wird. Während ich noch all die Belege sammelte, um zu beweisen, dass es nicht machbar war, führten Menschen mit Wohlstandsbewusstsein sie einfach aus.

Während der vielen Jahre, in denen es mir finanziell schlecht ging, war ich ein Zyniker. Und nichts tötet Innovation, Kreativität und Ehrgeiz schneller ab als Zynismus. Das ist Armutsbewusstsein.

Wohlhabende Menschen besitzen eine gesunde Skepsis. Diese führt dazu, dass sie Dinge objektiv auswerten und gute Entscheidungen treffen, die auf soliden Annahmen beruhen. Skepsis ist gesund, Zynismus nicht. Der Grund dafür ist:

Wenn Sie die falsche Frage stellen – spielt die Antwort keine Rolle.

All die Jahre, während derer ich im Armutsbewusstsein gefangen war, suchte ich mit den Fragen, die ich stellte, immer nach Beweisen, die zeigen würden, warum Erfolg für mich nicht machbar war. Als ich begann, ein Wohlstandsbewusstsein zu entwickeln, begannen sich die Fragen zu ändern – sie fragten nach Möglichkeiten.

Heute arbeite ich als Coach mit einigen der hellsten Köpfe auf der Welt zusammen. Ich hatte auch die Freude, in einen Dokumentarfilm mit dem Titel *The Y.E.S. Movie* (Young Entrepreneur Society) einbezogen zu werden. Einige der Jugendlichen, die in diesem Film vorgestellt werden, haben Millionen verdient, als sie noch Teenager waren. Zudem war ich mit dem Glück gesegnet, einige Milliardäre kennenzulernen und mit ihnen zu arbeiten. Die Zusammenarbeit mit solchen Menschen, die Höchstleistungen erbringen, bietet einen interessanten Einblick in ihre Geisteshaltungen und spezifisch in ihre Denkweisen.

Und die sind bestimmt nicht konventionell.

Sie sind kluge Unternehmer und sie sind genauso gegen dumme Risiken wie jeder andere auch. Der Unterschied liegt darin, *was* sie als Risiko ansehen. Sie wissen, dass der sichere Weg immer zu Mittelmäßigkeit führt, und darin besteht ein wirkliches Risiko. Sie wissen, dass unkonventionelle Herangehensweisen, Querdenkerei und Innovation wahre Wunder vollbringen können – und dass man dazu manchmal die Dinge auf den Kopf stellen und manchmal mit einem völlig leeren Blatt vor sich beginnen muss.

Jede große Gesellschaft – und jeder Unternehmer, der sie leitet – muss bereit sein, sich weiterzuentwickeln. Sie müssen den Menschen gehen lassen, der Sie sind – und der Mensch werden, der zu sein Ihnen vorbestimmt ist. Das ist der Pfad, der zu monumentalen Resultaten führt.

Seien Sie willens, wagemutig zu sein, lateral und kreativ zu denken, Dinge in Frage zu stellen und ein Querdenker zu sein. Wagen Sie es, anders zu sein, wagen Sie es, ein Risiko einzugehen. Denn Risiko ist die neue Sicherheit!

Eine Rockoper in vier Akten

Pflichtlektüre für Risikobereite

Prosperity von Charles Fillmore

The Master Key to Riches von Napoleon Hill

Think and Grow Rich von Napoleon Hill

Atlas Shrugged von Ayn Rand

The Fountainhead von Ayn Rand

The Virtue of Selfishness: A New Concept of Egoism von Ayn Rand

Building Brand Value von Bruce Turkel

Flash Foresight von Daniel Burrus mit John David Mann

Unmarketing von Scott Stratten

As a Man Thinketh von James Allen

With Purpose von Ken Dychtwald, Ph.D. und Daniel J. Kadlec

Becoming a Category of One von Joe Calloway

Verbinden Sie sich mit Randy

Website: http://www.randygage.com/

 https://twitter.com/Randy_Gage

 http://www.facebook.com/randygage

 http://www.youtube.com/randygage

 http://empireavenue.com/RGAGE

Wohlstands-APP

Scannen Sie diesen QR-Code oder besuchen Sie http://www.randy-gage.de/app um die Wohlstands-App zu erhalten.